ラッコBOOK

水族館での暮らしから野生の姿まで。
ラッコとヒトの思い出たっぷり!

木村悦子

JN064575

はじめに

丸い顔と小粒で黒目がちな瞳。
見る者を魅了し、
前あしの動きが愛らしさを際立たせます。

でも、かわいいという一面的な見方を越え
さまざまな角度から深く観察することで
外見や行動に秘められた意味がわかってきます。

ふわふわの体毛は、厳しい海の環境で生きる
ラッコの強靭さを象徴しており、
道具を使った食事の方法は、
知恵と応用力の高さを示しています。

ラッコの行動は、ほかの動物とは一線を
画す特性を持ち、その魅力は無限です。
ユニークな行動や生態を知るごとに、
私たちの心は豊かになります。

海の宝石のように輝くラッコは
無限の驚きと学びを与えてくれる存在です。

豊かな表情で
魅了する愛され者

道具を巧みに扱う
エンターテイナー

メイ

2004年5月9日生まれ
鳥羽水族館で生活中

いつまでも見ていたいラッコ

キラ

2008年4月21日生まれ
鳥羽水族館で生活中

リロ

2007年3月30日生まれ
マリンワールド海の中道で生活中

もう水族館に3頭だけ

※2024年6月時点。

日本にもいるんですよ。
それは、北海道・霧多布《きりたっぷ》岬。

2012年	姿を見せるようになるが定着せず
2016年	オス1頭、メス2頭を確認
2018年	繁殖を確認
2023年	7頭目の出産と、最大14頭の生息を確認
2024年	5月に出産を確認

（エトピリカ基金・片岡義廣さん談）

1877（明治10）年、第一回内国勧業博覧会に合わせて発行されたラッコ猟を描いた浮世絵。北海道開拓使は、1873（明治6）年から1884（明治11）年まで官営事業としてラッコ猟を行っていた。『大日本物産図絵 千島国海獺採之図』三代目歌川広重（安藤徳兵衛）国立国会図書館デジタルコレクション

かっこいい

かわいい

します！

ラッコの魅力をお届け

CONTENTS

CHAPTER 2

水族館にいたラッコたちのアルバム

CHAPTER

1

ラッコについてわかっていることすべて

人気者のラッコですが、その生態については
まだわからないこともたくさんあります。
最新の研究結果とともに
ラッコのひみつをお伝えします。

撮影協力：鳥羽水族館、マリンワールド海の中道

寝ても

起きても

ムニムニしても

何をやっても
かわいいね！

ラッコにまつわる5つのナンバーワン

海の厳しい環境に適応したラッコは、他の動物とは一線を画す驚くべき特性を持っています。研究でもまだ明らかになっていない部分もありますが、おそらくほかの動物と比べてナンバーワンであろうスゴイ項目を5つご紹介します。

1 体毛の密度NO.1

全身が体毛で覆われ、その密度は動物の中で最も高いと言われています。「ヒトの髪の毛すべてをラッコの毛に置き換えると、1㎝四方に収まる」という説もあります。構造も独特で、細くやわらかいアンダーファーは水分を含まず、空気を閉じ込めることで保温効果を発揮。これを太くかたいガードヘアーが守る二重構造です。このため、皮膚が海水と直接触れることはほとんどありません。

多くの時間を水上で過ごすが、陸に上がることも。陸でも丹念に毛づくろいし、濡れて重い毛から水を追い出し体を軽くする。毛が乾くと、ぬいぐるみのようにかわいい「乾きラッコ」に一変。

水に潜ると、水圧で毛が押されてこんなにひょろ長くなる。どんなに潜っても、外側の毛（ガードヘアー）と内側の毛（アンダーファー）の間にある空気層のおかげで皮膚はほとんど濡れない。水濡れにより体温が失われることもない。

2

食べ物のかたさ NO.1

巻き貝や二枚貝、エビやカニなど、ラッコの食べ物はかたいものだらけ。明確な研究結果はありませんが、最もかたいものを食べる動物の一つでしょう。

秘密は体の作りにあります。アゴを動かす側頭筋《そくとうきん》が発達し、歯のかたさは人間の約3倍。鋭い犬歯《けんし》で食べ物を切り裂き、横に広い奥の臼歯《きゅうし》で細かくします。また、器用な前あしで石を操り、貝の殻に打ち付けて叩き割る器用さがあるのでかたいものも食べられます。

水族館での食事中は口に注目を。立派な犬歯をじっくり観察するチャンス。

③

水族館での食費NO.1

冷たい海の暮らしでは、体温維持のためにエネルギーを作り続ける必要があります。だから、ラッコは大食漢。1日に体重の25〜30%という驚異的な量の食べ物が必要です。それも、ウニやカニなど、人間も大好きな高級海産物が中心。

そのため、水族館の飼育動物の中では最も食費が高いと言われています。エサはウチムラサキ（オオアサリ）、イカなど。食事の様子を見る機会があったら、そんな点にも注目を。

鳥羽水族館のある日の食事準備。二枚貝やイカをメインとし、魚の切り身なども用いる。

4

皮膚のだぶつきNO.1

ファンにはおなじみのラッコのポケット。正体は、胸やわきの皮膚のたるみです。でも、よく見ると皮膚は全身だぶだぶ。このため、背中の皮膚をたぐり寄せて手入れができるのです。

児童文学作家の岡野薫子さんは著書『ラッコ—ゆかいな海のなかま』（1984年）の中で、たるんで最大限の180㎝まで伸ばされたラッコの毛皮の写真を見たことを、ユーモラスなラッコのイラストとともに記しています。

だぶだぶの皮膚に加え、体の柔軟さもあり、体の形が自在に変わり観察が楽しい。

5 筋肉による暖房効果NO.1

ラッコの筋肉には特別な機能があり、小さな体で海の中でも暖かく過ごせます。

秘密は筋肉細胞内にあるミトコンドリアというエネルギー生成器官です。ミトコンドリアから熱が漏れること（プロトンリーク）で、驚異的な代謝率を維持し、熱を体内に蓄えることができます。この熱生成の効率が群を抜いており、筋肉による暖房効果は（小さな体のマウスを除いて）動物界でナンバーワンと言えるでしょう。

鳥羽水族館プールは水温約８～12℃。18.3℃以上の水温に長時間さらされると毛の空気保持効果が低下する。

／ラッコのウソ・ホント／

ラッコ知識をアップデート！

真の魅力が確認されつつあるラッコ。誤解や迷信が解消され、研究や観察によりさまざまなことが明らかになってきています。

1 「お気に入りの石をなくすと落ち込む」はウソ！

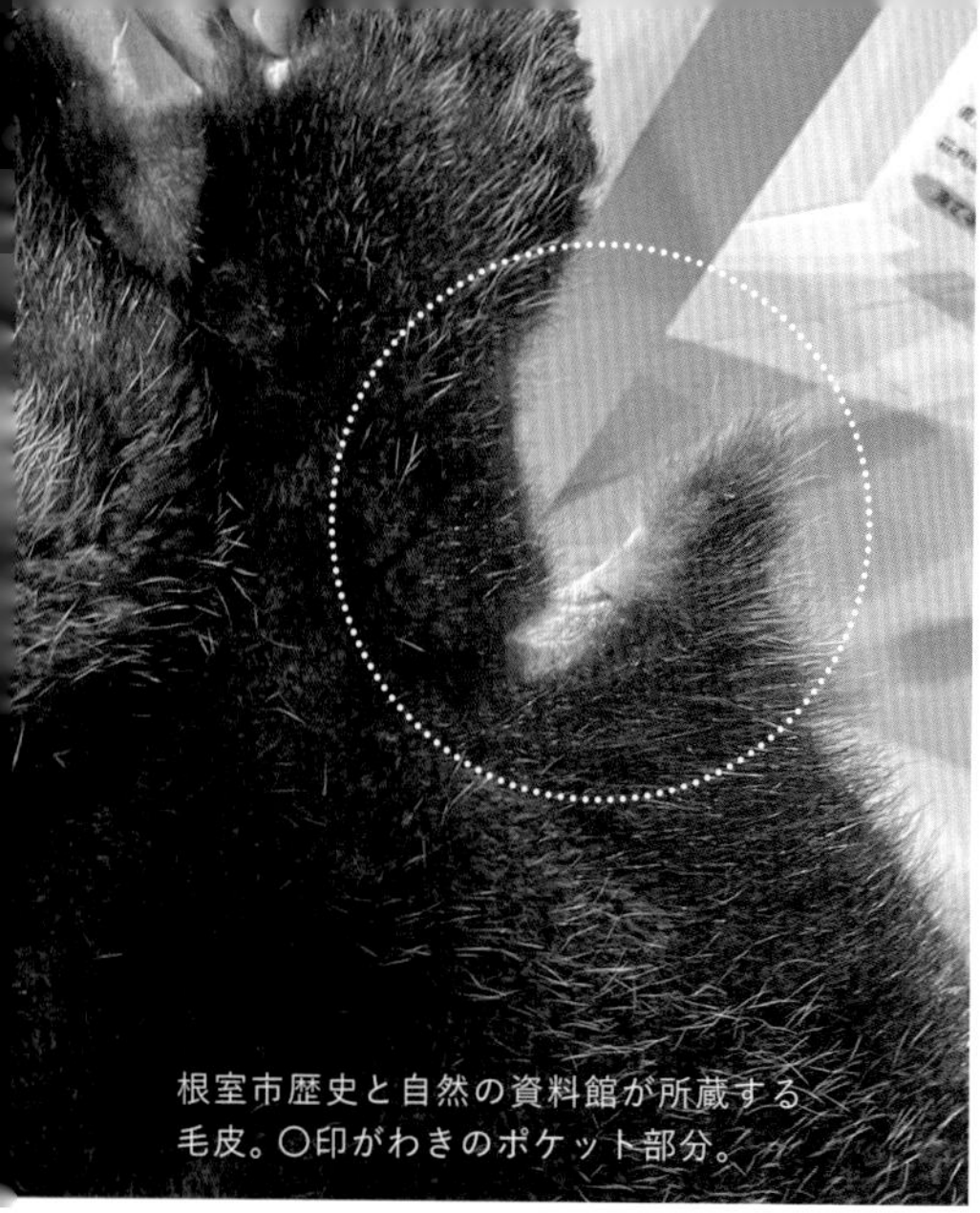

根室市歴史と自然の資料館が所蔵する毛皮。○印がわきのポケット部分。

「貝を割ったりするのに使うお気に入りの石を持ち、なくすと落ち込む」という噂がありますがこれはウソ。ポケットに石を入れたり、出して貝を割ったりする行動はありますが、石への特別な感情はありません。

2 ラッコはイタチ、カワウソの仲間！

イタチ科というとイタチやフェレットなどの陸上の動物をイメージしますが、淡水に適応したカワウソと海に適応したラッコも同じ仲間。祖先は陸で暮らしていました。

細長い体や横長（扁平）な頭は確かにイタチ科特有！

水中の細長い姿はカワウソに似るが、深く潜水できるのはラッコだけ。

3
最適なタイミングで出産できる！？

交尾後すぐ着床するのではなく、受精卵が子宮内に留まり着床が遅れる「着床《ちゃくしょう》遅延《ちえん》」という特性があります。食べ物が多いなど、子育てに有利となるタイミングで出産できるというわけです。

4
交尾が激しい！

交尾は水中。オスがメスに背後から抱きついたり、鼻に噛みつき体を固定したり、激しく回転したりと、強烈なスタイル。メスのラッコは交尾時の鼻の傷で個体識別ができます。ただ、水族館生まれのオスは奥手気味とか。

5 顔が白いのは加齢のせいかも

ラッコは加齢に伴い顔が白くなる傾向が確認されています。

ただし、生まれつき顔がやや白めのラッコもいます。遺伝や環境、食事、日光などの影響もありそうです。

6

海で暮らし始めた歴史は浅い

ラッコの祖先が海に進出したのは、比較的新しい約300万年前と考えられています。

しかし、断熱・防水性の高い毛や強力な尾ビレなど、海に適応した特徴を短期間で獲得したといえます。

7

睡眠・出産・子育ても海で！

ラッコは睡眠も出産も子育ても海の上。同じイタチ科のカワウソはすべて陸上で行い、アザラシは繁殖期は陸に上がるものの出産は陸上。

ラッコの水中生活への適応度の高さを示しています。

8 脂肪がほぼない

ほかの海棲哺乳類は脂肪から代謝水を生成できますが、ラッコには脂肪層がほとんどありません。食べ物からエネルギーとともに水分を取り入れる必要があるため、とにかく食べ続けるというわけです。

9 夏毛も冬毛もほとんど同じ

イタチ科には薄く短い夏毛、厚く長い冬毛など、明確な換毛を行うものもいます。その点ラッコは、年間を通して少しずつ毛が生え変わり、季節的な体毛の変化がほとんどありません。

10 前あしにツメがあり、出し入れできる

前あしにはカギ状の爪があり、ネコのように出し入れ可能。この爪は毛づくろいやものを持つことなどに役立ちます。

爪は伸び続けるので飼育下では、訓練により爪とぎをさせることがあります。

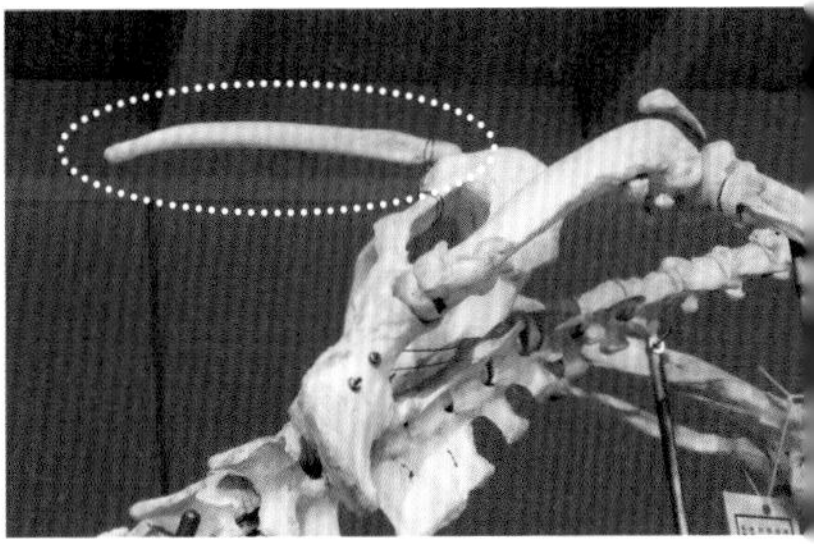

根室市歴史と自然の資料館所蔵の骨格標本。オスには陰茎骨がある。

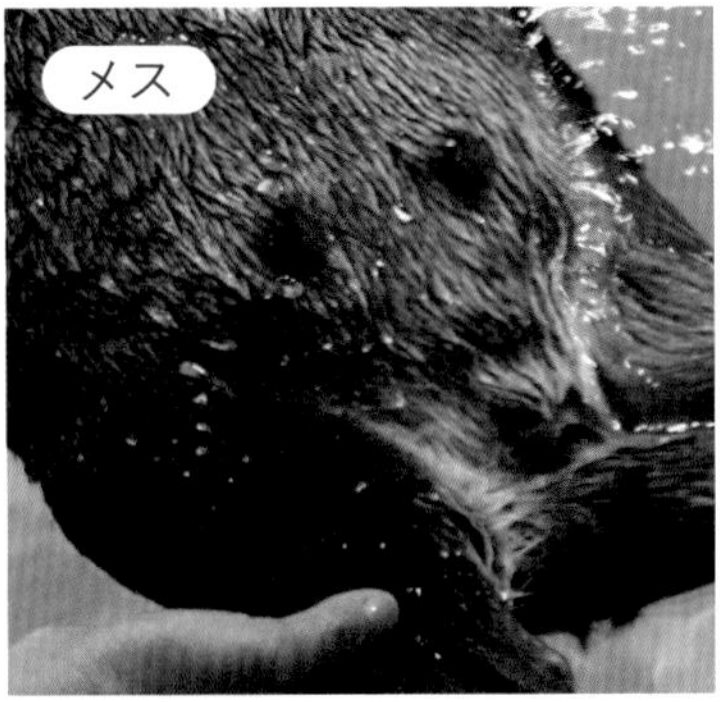

11 オス・メス秘密の見分け方

水面に仰向けに浮かんだとき、下腹部の特徴で見分けられます。オスの陰茎は目立ちませんが陰嚢の膨らみがあります。

メスは一対の乳頭がありますが、育児期以外は目立ちません。

12 水中での耳がかわいい！

耳は小さく、頭の側面にあります。しかし、水中では耳をペタンと倒し、さらに水圧で押され、のどのあたりにあるように見えます。かわいいですが、その意外な姿にびっくり！　この写真は腹側から撮ったものです。

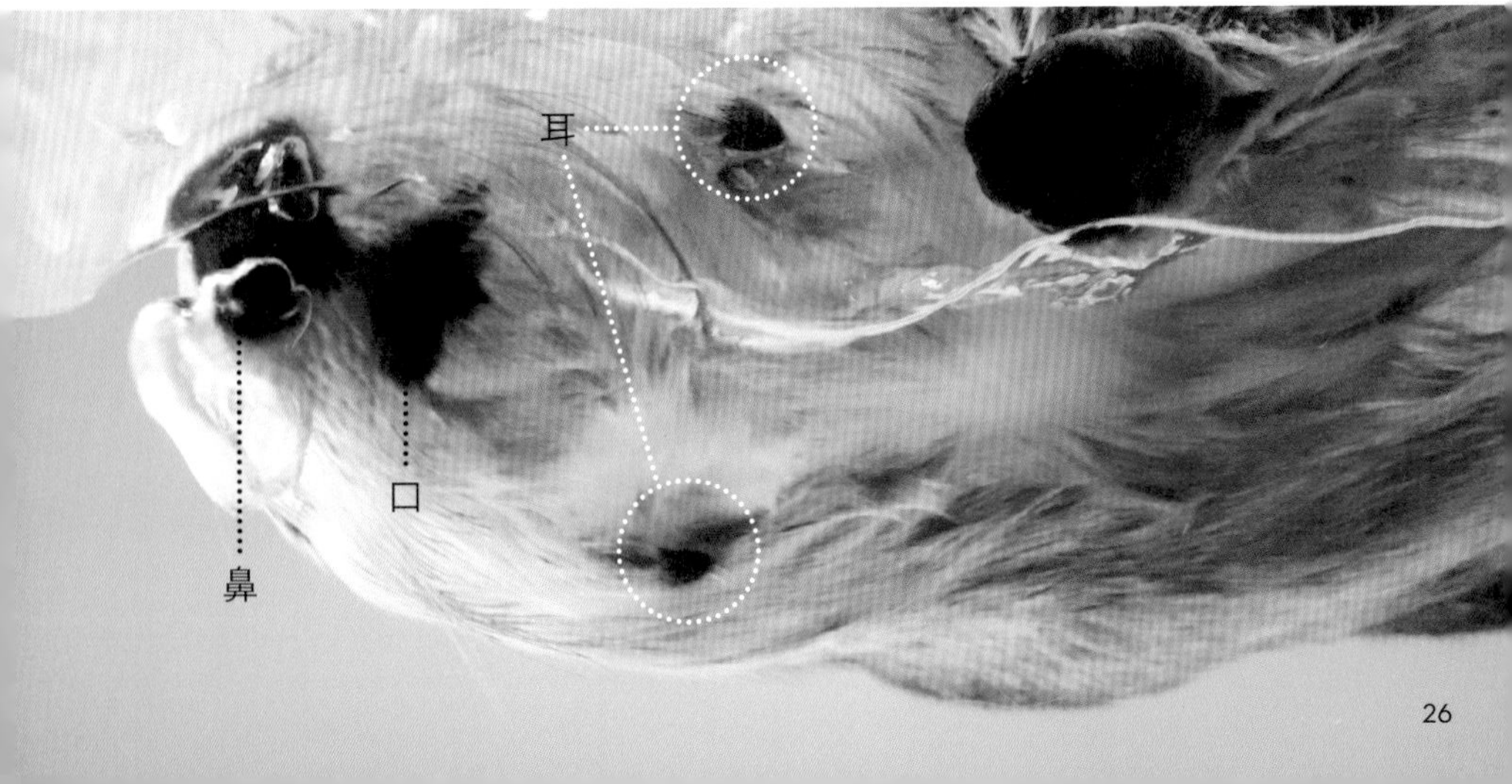

自主的に立つ行動を活かし、かわいいパフォーマンスとして公開中。それにしても長い！

13 歩き方はいろいろ

陸上では４本あしを動かしたり、前あしを支点に体を引き寄せるように進んだりします。

水族館では後ろあしで立ったり歩いたりする姿が見られます。

14 目の上にも洞毛《どうもう》あり！

口ヒゲのように見えるものは洞毛(感覚毛)。水中で食べ物を探すのに役立ちます。

目の上にも短めの洞毛があり、周囲の状況や獲物、敵の動きを感知するのに役立ちます。

15 1日のうち6〜10時間は休んでいる

泳いだり、毛づくろいしたり、回転したりと、常に動いているラッコ。でも、1日6〜10時間は睡眠や休憩をしています。

北海道霧多布では海上で波に揺られるままの姿が観察されています。

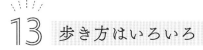

16
鳴き声は多彩

飼育下ではネコのような声、甲高い声など多様な鳴き声が確認されています。日本最後のペアとなったリロとマナは、お互いに声を出し合っていたそうです。

海遊館のYouTubeではパタの鳴き声が動画で公開されています。

17
捕食目的で襲われにくい！？

野生下では時々、シャチに食べられるという報告がありますが、脂肪たっぷりのアザラシと間違えている可能性も指摘されています。「食べずに襲うだけ」のサメも確認されています。ラッコを捕食する“天敵”はいないといえるかも。

18
肉球あります！

前あしには、肉質で厚みのある肉球があります。石を持って貝を割る操作をしたり、食べ物をつかんだりするのに役立ちそうな形と質感です。

19 後ろあしは上下振り

田島木綿子著『海獣学者、クジラを解剖する。』(2021年)では、「後ろあしを上下振りで泳ぐ。魚のように左右振りではない」(大意)と紹介されています。アザラシは左右振りなので対照的です。

20 おへそもあります

多くの哺乳類と同様、ラッコにもへそがあり、胎児と母体はへその緒でつながります。

土井翠さん(マリンワールド海の中道)によると「多くの毛に埋もれてへそは見えないが、へその周りは毛が白い」とのことです。

体が細長いイタチ科

ラッコ基本情報と3亜種

専門家でも外見から亜種を見分けるのは困難ですが、
分類や亜種について知ることは生物多様性理解への第一歩です。

ラッコは、食肉目イタチ科のカワウソ亜科に分類される哺乳類。生息域によって次の3つの亜種に分けられています。

現在、日本の水族館で暮らすメイ、キラ（どちらも鳥羽水族館）、リロ（マリンワールド海の中道）はすべてアラスカラッコです。日本では過去に、チシマラッコが飼育されたという記録もあります。北海道・霧多布のラッコはチシマラッコです。

3つの亜種は体のサイズや毛色などに違いが見られるという説もありますが、個体差も大きいため外見での見分けは困難といわれています。

アラスカラッコ（キタラッコとも）

英名:Alaskan sea otter／Northern Sea Otter

学名:*Enhydra lutris kenyoni*

生息地:アリューシャン列島（アメリカ・アラスカ半島〜ロシア・カムチャツカ半島）

カリフォルニアラッコ（ミナミラッコとも）

英名:California Sea Otter／Southern Sea Otter

学名:*Enhydra lutris nereis*

生息地:カリフォルニア州中部沿岸

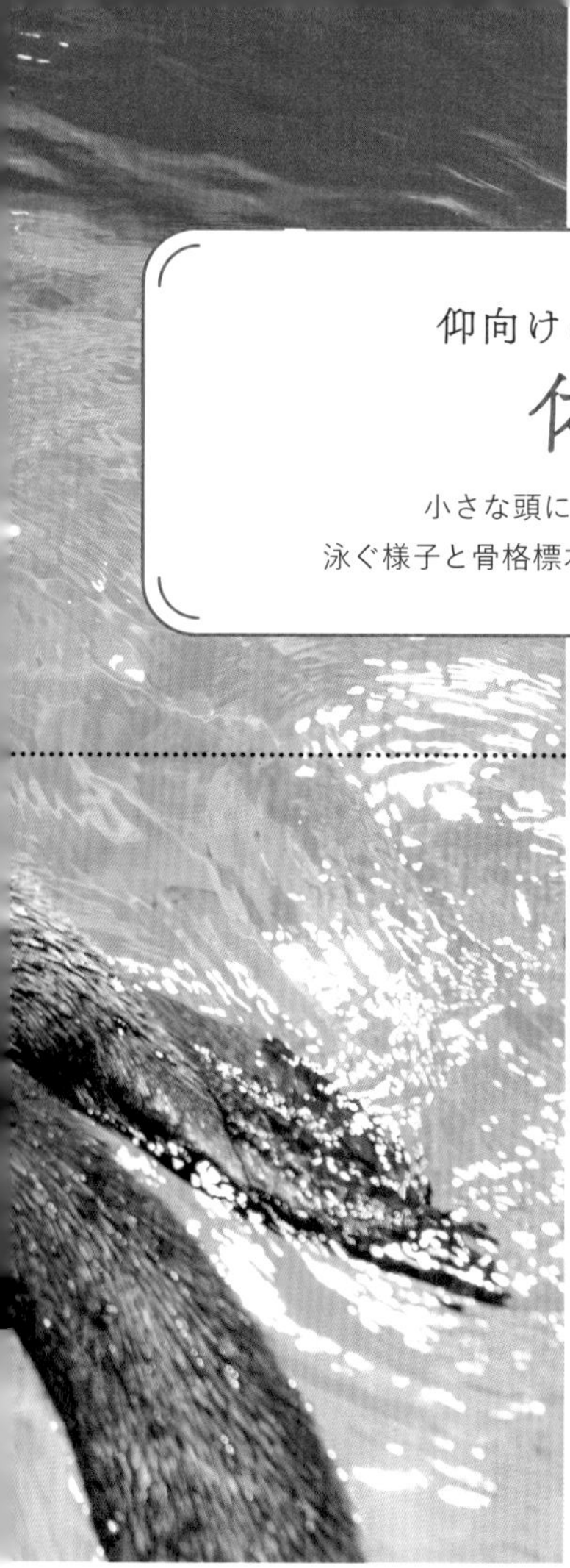

仰向けの姿勢には理由があった！

体のしくみ

小さな頭に平たい肋骨、一番の特徴は仰向け姿勢。
泳ぐ様子と骨格標本を見比べると、ラッコへの理解が深まります。

扁平な肋骨

大きな肺を守る。平たいので海面に浮いた姿勢が安定する。

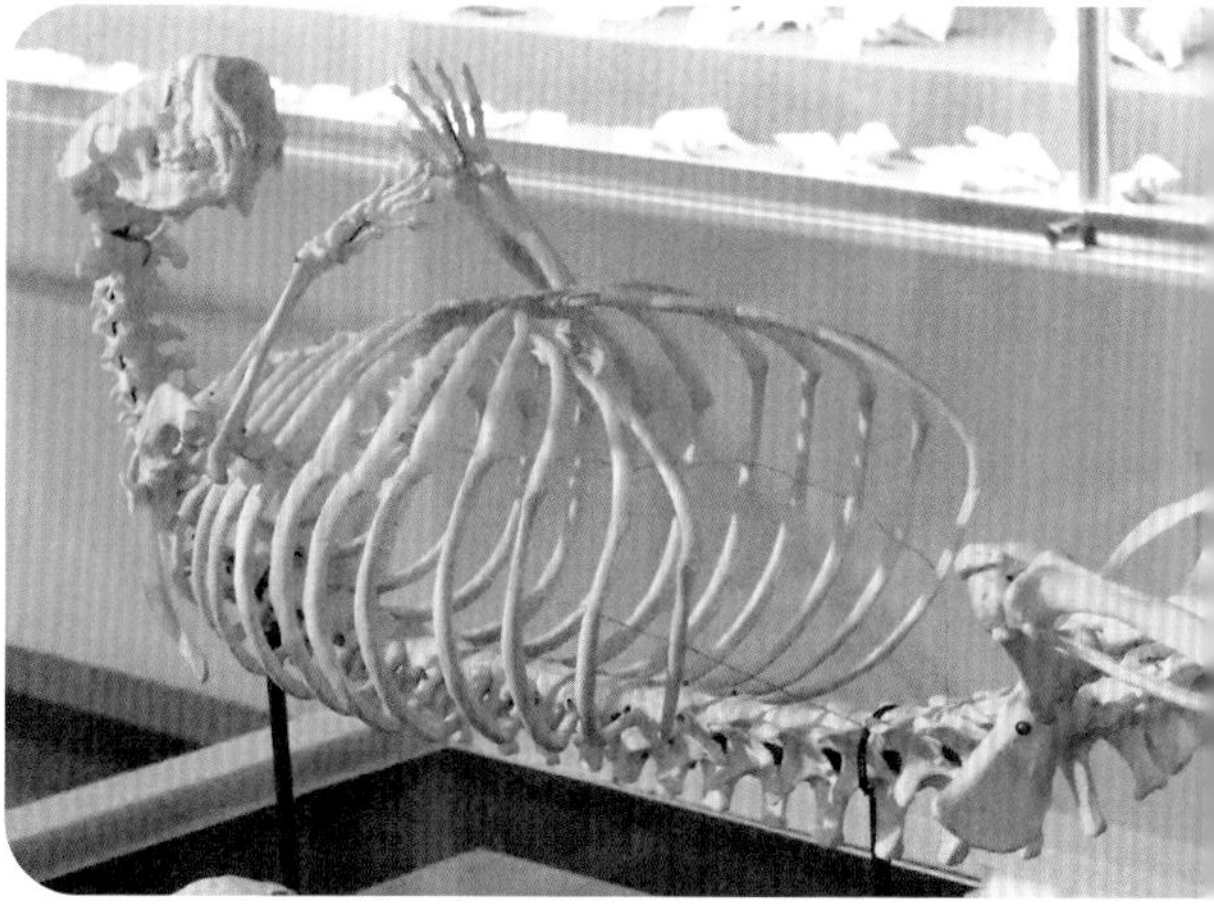

※骨格標本：鳥羽水族館所蔵

ラッコといえば仰向けに浮かぶ姿勢が特徴的です。時々仰向けで泳ぐ海棲哺乳類もいますが、長時間仰向けなのはラッコだけ。

仰向け姿勢なので、食べ物をとってきたら、胸を食事テーブルとして使うことができます。また、メスは胸に子を乗せて子育てします。母ラッコの胸・腹の上は育児のための巣のような役割も果たしています。

骨格標本を見ると、肋骨が発達していることがわかります。これは、肺を大きく広げ、空気を多く吸い込み、大きな浮力を得られることを示しています。食事テーブル、子育て用、強靭な肺の保護など、ラッコの体は機能美に満ちています。

小さな前あし
前あしは小さく短い。イヌ・ネコとは異なる肉球があり、ミトンのよう。
小さい頭
水中での抵抗が減り、より効率的に泳ぐことができる。
ヒレ状の後ろあし
先端は平たくヒレ状。指は全5本で、小指が最も長く親指が最も短い。

鎖骨がない！

※骨格標本：鳥羽水族館所蔵

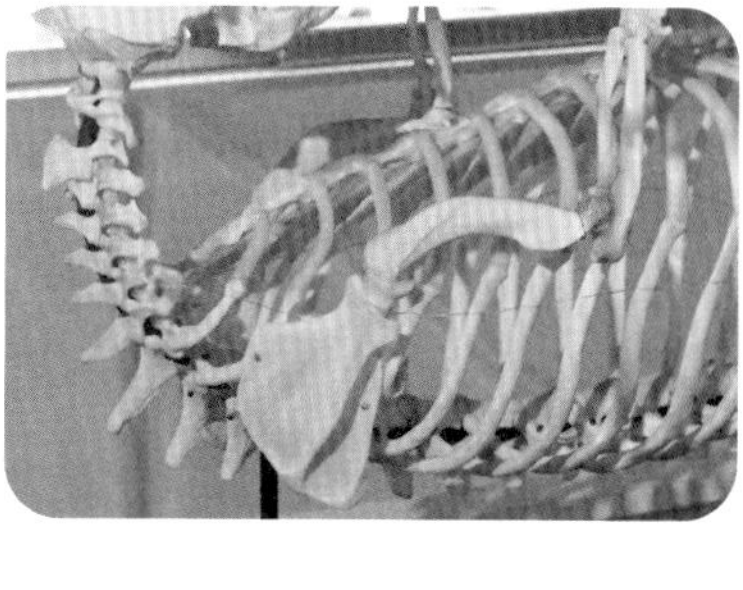

かわいい顔は過酷な環境への適応の証！？

顔の特徴

ラッコの魅力は、ぬいぐるみのようなかわいい顔。人は「大きな瞳」「丸い頬」「短い四肢」など、幼い子どもに共通する特徴を備えたものを見ると、本能的に「かわいい」「守ってあげたい」と感じるようになっています。これをベビースキーマ（幼児図式）といいます。ラッコの外見的特徴も、このベビースキーマに見事に合致します。

加齢に伴い顔の毛が白くなる個体もおり、鳥羽水族館のメイなどは黒い目と鼻が際立ち、愛らしい表情が観察しやすいです。

一方、北海道で見られる野生のラッコは全身黒っぽいものが多く、動きはワイルド。どちらも魅力たっぷりです。

目

『らっこ』（マリンワールド海の中道の公式ブック）によると、リロの目は「大きさ3.5cm、両目の間隔8.5cm」。視力は水・陸ともに優れていると考えられる。

耳

耳は目のかなり奥の方にある。アシカやアザラシとはまた異なる小さな耳介（耳たぶ）が愛らしい。

顔の毛

顔の毛も入念にグルーミング。顔に前あしを添えムニムニする様子はかわいらしさを増幅。

鼻

『らっこ』（同）によると、リロの鼻の大きさは「縦3cm、横5cm」。水中では鼻の穴を閉じる。

群れでの暮らしと繁殖戦略

ユニークな生態

「ラフト」と呼ばれる群れや繁殖について、知識を深めましょう。

ラッコのメスと子たちは「ラフト」（英語でいかだという意味）と呼ばれる群れを作ります。オスはその群れの周りにおり、機を見てラフトに入りメスに求愛（というより、無理やり襲う）します。メスが受け入れる気になれば、数日一緒に過ごし、交尾へと至ります。

メスは着床遅延を経て6～8か月（水族館での記録の一例）の妊娠期間を経て出産。子育てに巣がいらないからか、縄張り争いはほぼみられないようです。

北海道・霧多布では、エトピリカ基金の片岡義廣さん（105ページ参照）が繁殖や暮らしぶりを観察しています。「霧多布では、2024年5月

現在、3頭のオスがそれぞれ広い範囲の縄張りを作っています。メスはその海域を自由に動き回り、オスは自分の縄張りに来たメスと交尾します。子が親離れや行方不明になり、母親が単独になると、それからおよそ6か月半のちに次の子が生まれています。妊娠期間は約6か月といわれていますので、子別れ時期に妊娠する可能性が高いように思えます。子を育てる期間も6か月ほどです。メスたちは単独で暮らしたり集合したりしながら、離合集散を繰り返しています」と教えてくれました。

　ラッコの暮らしや繁殖は知るほどにおもしろく、興味が尽きません。

食べて寝て、トレーニングも！

水族館での1日の過ごし方

食べたり

遊んだり

健康チェックしたり

『らっこ』（マリンワールド海の中道の公式ブック）では、当時14歳だったリロのある日の1日の過ごし方を下図のように紹介しています。日中は食事や遊びなどで活動的に過ごし、夜は休息します。水族館でも、夜間は黒いカーテンを利用して明かりのない時間を確保し、自然のリズムを作り出しています。

野生のラッコの暮らしは明らかになっていませんが、おおむね水族館のような昼行性を示すと考えられます。

2024年4月から、鳥羽水族館内のラッコ水槽内にライブカメラが設置されました。1日の暮らしを観察してみてはいかがでしょうか。

水族館でのラッコの1日
～マリンワールド海の中道～

複数回に分けての食事スケジュールは、健康管理に重要。リロは現在5回に分けて1日に必要な食事量を摂取します。

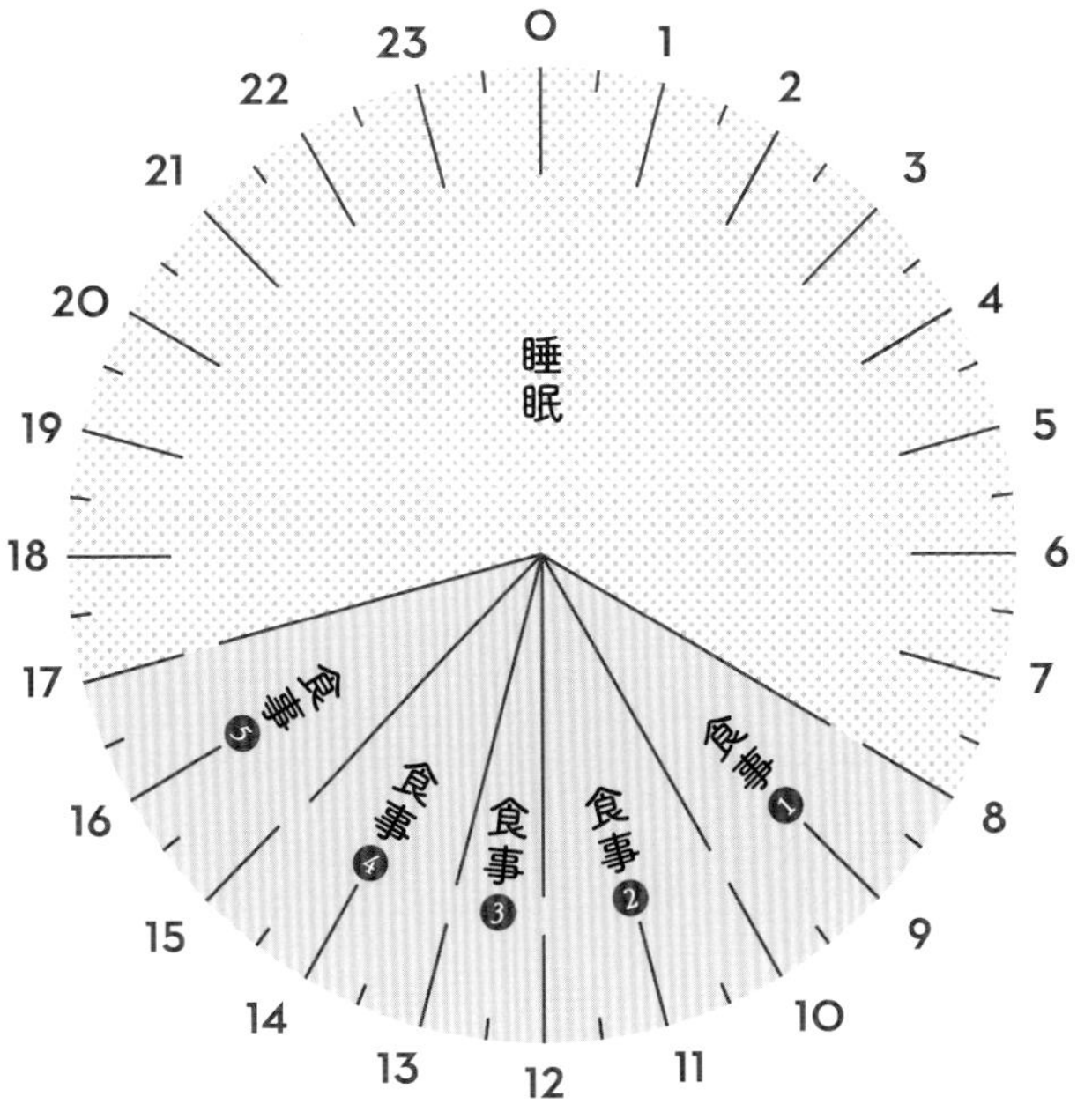

食事❶

その日最初の食事。食べ方や行動の変化を観察し、異変はないかチェックします。体重測定は週1回、このエサの時間に行います。その後さほど間をあけず、次の食事へ。

食事❷

この食後がリロが最もリラックスする時間。入念に毛づくろいしてから、水に浮かんだまま目を閉じてうとうとすることもあるそう。

食事❸❹

トレーニングを兼ねており「食事タイム」として公開することも。

食事❺

食後はおやすみモード。リロは陸上で眠ることが多いのですが、上がり過ぎた体温を下げたり、排便の目的などで水中に入ることも。

鳥羽水族館のライブ映像はこちら！
※変更や中止となることがあります。

イカに貝、エビ、ホタテと海の幸満載

多彩で豪華な食生活

水族館のラッコのごはん
〜鳥羽水族館〜

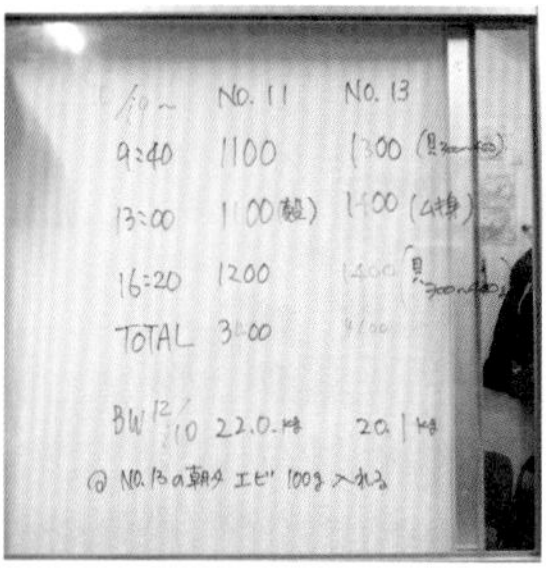

調餌室のホワイトボードで、メイ・キラの食事計画をスタッフに共有。

ベテラン飼育員の石原良浩さん。毎日丁寧にエサの準備をする。

ラッコたちの大好物のウチムラサキ。鳥羽水族館では殻ごと与える。

皮下脂肪が少ないラッコは体温維持のため、大量の食事が必要となります。水族館では、個体ごとに異なる1日の必要食事量を計算し、複数回に分けて与えています。ちなみに、メイ3600g、キラ4300g、リロ6500g（それぞれ公開時の情報）です。

ただ、好き嫌いや、その日の体調によって食いつきの変動も、もちろんあります。そこで、飼育員はラッコたちにしっかり食べてもらうために、さまざまな工夫をしています。

そんなことを知っておくと、ラッコの〝お食事タイム〟がさらに楽しくなるはずです。

ある日のメイ・キラのための調餌

ウチムラサキ（オオアサリ）

タラ

ガザミ

ホタテ

カジキ

アマエビ

スルメイカ

２０２４年現在公開中の“お食事タイム”情報

水族館の暮らしでは、食事は飼育員とのコミュニケーションを取る大事な時間でもあります。1日複数回の食事の一部が“お食事タイム”として公開されているのでお楽しみに。2024年6月現在は以下ですが、最新情報を確認してくださいね。

メイ・キラ（鳥羽水族館）

1日3回。朝と夕の回は、水槽のガラス面に張り付けたイカをジャンプしてとる「イカミミジャンプ」が見られるかも。

リロ（マリンワールド海の中道）

1日1回（お昼ごろ）の食事風景を公開。

貴重な写真資料でたどる成長記録

赤ちゃんラッコの育ち方

人工哺育で育てられたラッコの貴重な成長記録が残されています。

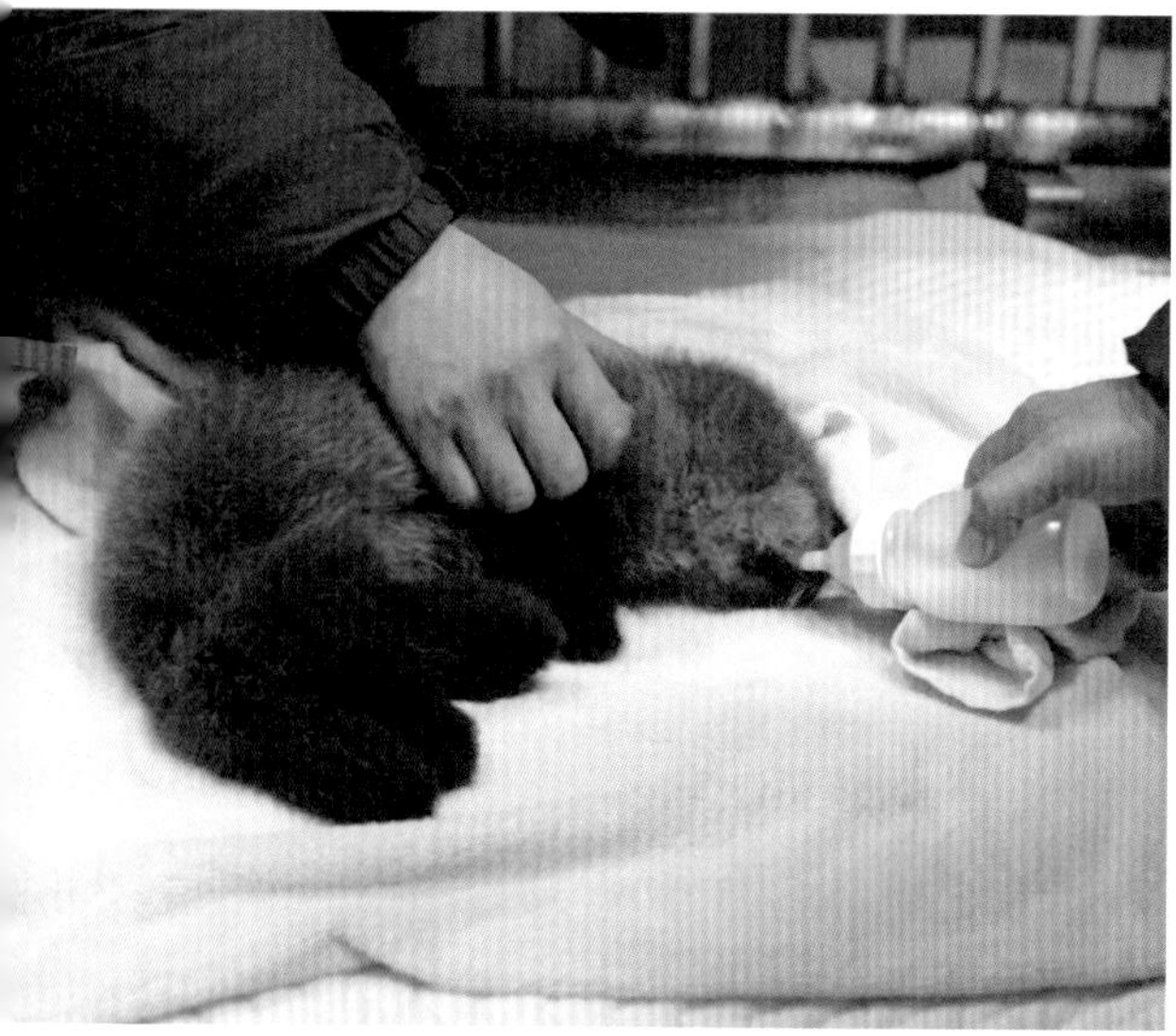

マナ誕生

2012年1月25日

妊娠中のマリンが、12:35の食事タイムで普段と違う様子を見せました。12:55、何度かいきんだのちに出産(のちのマナ)。明るい茶色の幼毛に覆われ、ふっかふかの姿です。体重は推定2.0kg、体長は推定30cm。

2012年2月4日

(人工哺育1日目)
前日から授乳が確認されないため、母のマリンから赤ちゃんを隔離し、人工哺育に切り替えました。

ラッコの出産は通常、1回1子。子育てはメスだけで行います。

マリンワールド海の中道では、1998年から9頭の出産がありました。マリンワールド生まれのメスではマリンが唯一出産を経験した個体です。

マリンは4回の出産を経験し、5回目の出産は、赤ちゃんが危険な状態となったため人工哺育に切り替えられました。

ヒトが24時間体制で世話をしたため、貴重な記録と写真が残されています。

いつかまた、ラッコの赤ちゃんが見られる日が来るかな?

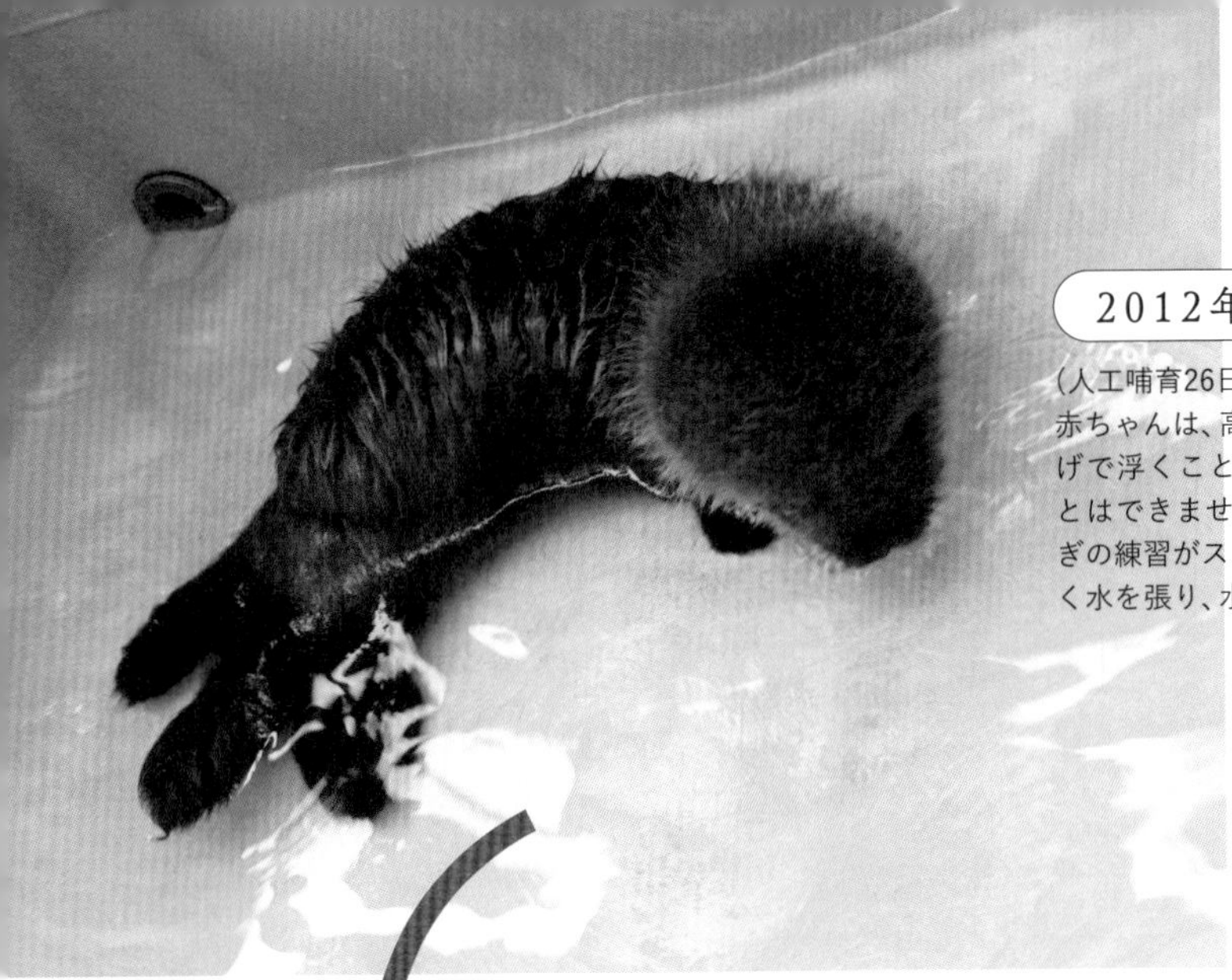

2012年2月29日

(人工哺育26日目)
赤ちゃんは、高密度の幼毛のおかげで浮くことはできても泳ぐことはできません。が、今日から泳ぎの練習がスタート。プールに浅く水を張り、水温は20°Cに設定。

2012年4月21日

(人工哺育78日目)
夜間は頻回に哺乳していたところ、この頃から間隔を長くし始めると夜はぐっすり眠るように。

この後、13週(約90日から100日ほど)で幼毛から、防水性の高い大人の毛に生え変わり、生後1年前後で大人とほぼ同じ見た目となり、オス5〜6歳、メス4歳ほどで性成熟を迎えるのが成長の目安です。

水族館のブラックジャック!?
ヒトの医師・歯科医師で「海獣のお医者さん」

植草康浩さんインタビュー

CHAPTER 1は、日本中の水族館と連携して海獣（海棲哺乳類）を治療する植草康浩さんが監修しました。

――植草さんは海獣の医療を実践していますが、獣医師ではないのですね？

植草さん　はい。ブタやイヌなどの家畜や愛玩動物を扱うには資格がいるんです。ところが、イルカなどの野生動物は誰が診ると決まっているわけではありません。一般的には施設の獣医師が担当します。獣医師のいない施設では、トレーナーが検査や加療をしたりもします。私のようにヒトの医学・歯学知識があればそれに基づいて、海獣の構図もある程度の想像はつきます。ですが、イルカやアシカ、アザラシなどをたくさん解剖したり、獣医学書を読んだりして自分なりに勉強しています。

――すごいですね。ラッコとなると専門的な研究や臨床的な取り組みが限られるので、植草さんのような方は希少です。

植草さん　魅力的な動物ですが、現在進行形で生態などの研究を専門的にやっている人は数えるほどしかいませんね。漁業被害とラッコの関係、アニマルウェルフェア、動物福祉なら、京都大学の三谷曜子先生（90ページ参照）がお詳しいですね。

――植草先生が学窓社から出された『海獣診療マニュアル〈下巻〉』にラッコの開腹写真がありますが、ご自身で執刀なさったのですか？

植草さん　いえ、執刀は新江ノ島水族館で獣医師として働いている白形知佳さんにご担当いただきました。

―希少なラッコの、さらに希少なお腹の中を見てどう思いますか？

植草さん　ラッコには脂肪層がほとんどありません。ほかの海棲哺乳類は非常に厚い脂肪を蓄えており、これが断熱材や浮き輪の代わりになります。そのほか、水のプールになるという働きもあります。海にすむ動物にも水分は必要です。しかし、海水を飲むとさらに脱水になってしまうので、海水は飲めません。どうするかというと、魚は塩類《えんるい》細胞と呼ばれる特殊な細胞から余分な塩分を排出します。

―鳥類のペンギンは塩類線から排出しますね。

植草さん　はい。そこで海棲哺乳類はどうするかというと、2つの方法があります。1つは食べた魚などに含まれる水分を最大限、魚がカラッカラになるまで絞り取ってから排泄する方法。2つめは、体内で脂肪が代謝される際に水が生成される「代謝水」と呼ばれる水分で補う方法です。これらは、イルカ、アザラシやアシカなどの鰭《き》脚類《きゃくるい》でみられます。ラッコには脂肪層がほとんどないので、ずっとものを食べ、エネルギーとともに水分補給をしているというわけです。脂肪に頼れないので、ひたすら食う！

―海棲哺乳類は確かに特殊なグループですが、ラッコはその中でも特にユニークな存在といえそうですか？

植草さん　僕らが海棲哺乳類に備わっているだろうと考える機

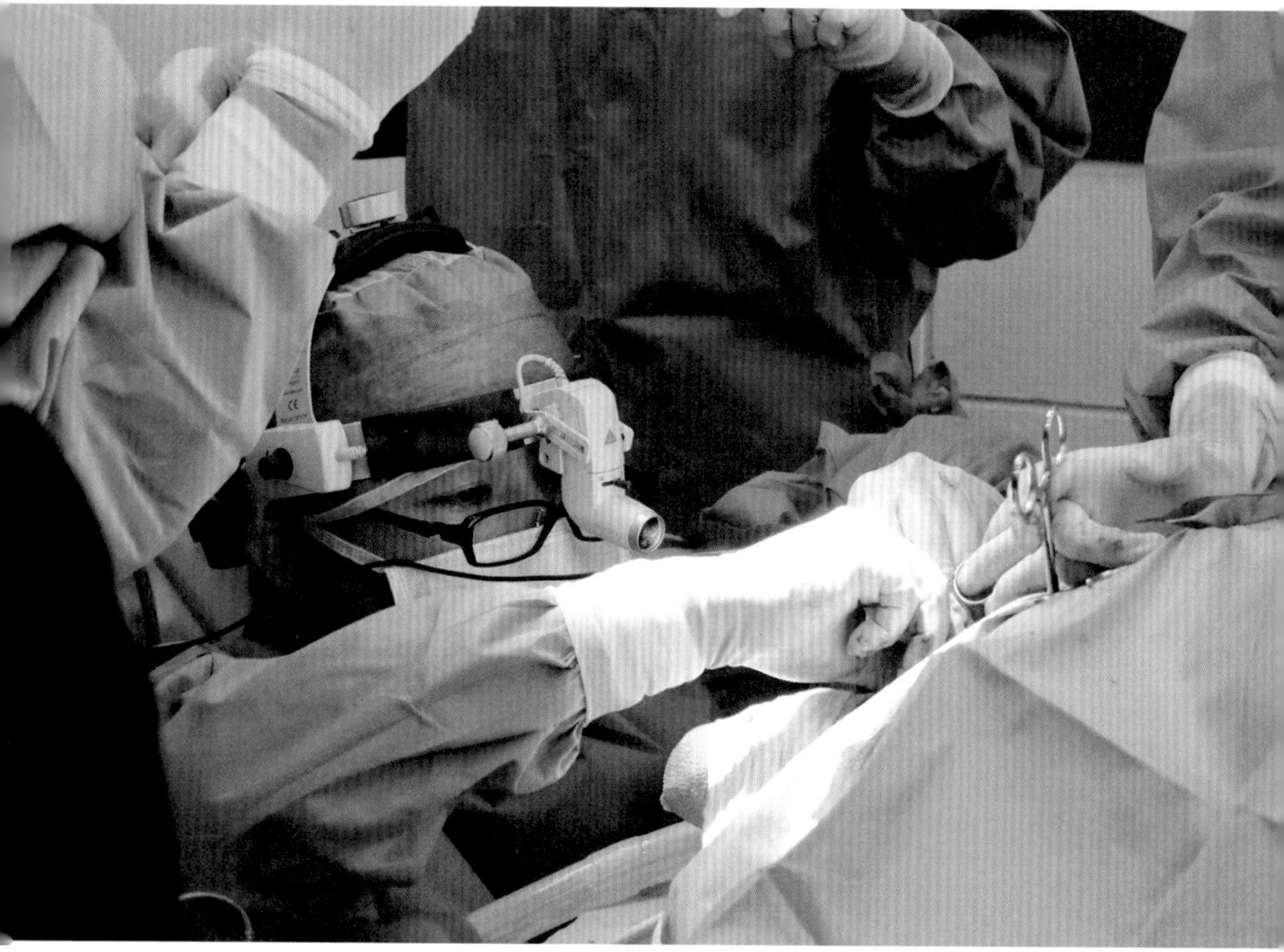

能を、ラッコは持っていたり、持っていなかったりします。海に進出してからそれほど時間が経っていないからでしょう。ラッコの祖先は陸生の動物で、比較的新しく海洋適応を遂げました。海にはすでに鰭脚類や鯨類がいたので、現生のラッコがすむ浅瀬から先への浸透は限られました。そのため、半陸生の生態を持ったと考えられます。ヒレ状の後ろあし、ゆるい関節などは海棲適応の特徴ですが、鰭脚類や鯨類ほどではありません。

――植草先生は人間の歯がご専門ですが、ラッコの歯を見てどのように感じますか?

植草さん　ラッコの歯はかなり

変わっています。噛む力は強力で、歯のかたさは人間の約3倍といわれています。どの歯も大きめで、ガッチリ強く噛み合う構造なので、かたいものを食べるのに適しています。主に貝を食べますが、時には殻ごとガブガブ噛みます。このため歯への負担が大きく、野生のラッコは咀嚼できなくなって死亡することがあります。

――鳥羽水族館のメイは高齢なので、歯も老化していますか？

植草さん　イセエビなどのかたいものから、やわらかいものも冷凍するなどして与えているので、しっかり配慮されていると思います。飼育個体は歯の問題での落命は少ないですが、また別の関節などの病気リスクがあります。

浮袋を体につけたまま潜水し食べ物をとるのはすごいと思います

――泳ぎの特徴は？

植草さん　食べ物はウニや貝などなので、追いかける必要がありません。そのため、泳ぎが速いわけではありません。しかし、空気を含んだ体毛、つまり浮袋を体につけたまま潜水する能力はすごいと思います。

――視力、聴力などについてわかっていることはありますか？

植草さん　狩猟では、ウニなどの獲物を前あしでゴソゴソ掘ったりしてとっていると考えられます。目で見つけるので、視力は悪くないでしょう。形状は食肉目らしいと感じます。聴力や嗅覚についても良いと考えられています。

野生観察で知識を深めるのも重要ですが行くことだけが正義ではありません

—— 謎が多いですが、魅力は唯一無二ですね。情報も限られていますし、興味を持ったら野生での観察に行くのもいいかもしれませんね。

植草さん　正しく知ってもらうことは大事です。そのために現地に行って見ることはあってしかるべきです。僕も行っています。ただ、行ける人ばかりではないですし、「行くことだけが正しい」というわけでもありません。後方支援や側面的支援といった選択肢もあります。保護活動への寄付、環境に配慮した生活をするなどです。また、現地に行けない人にも情報共有がされるようなシステムやプログラムがあるといいなと思います。それを仲介するような人やNPOなどの団体といった受け皿のような存在も必要です。

—— 植草さん、もしかして実行中の具体的な計画などはありますか？

植草さん　ラッコは三谷先生たちにお任せをするとし、僕はイルカのストランディングセンターを作る取り組みを始めました。

保護目的で生体を導入することは水族館でやっていることです。その後、状況によって展示をするわけですが、その後が重要だと考えます。僕は保護して元気になったら野生に返したいと思っています。

CHAPTER

2

水族館にいたラッコたちのアルバム

日本の水族館にいたラッコたちの思い出を
各施設ご協力のもと、作成しました。
過去に見たことがある
ラッコにも出会えるかもしれません。

MEMORIAL

鳥羽水族館

これまで14頭のラッコを育ててきた鳥羽水族館。
第一次ラッコブームを生み出した地でもあり、今なおラッコファンが足しげく通います。

【所在地】三重県鳥羽市鳥羽3-3-6

エミ(♀)

1983年10月3日生まれ。アラスカからやってきました。顔立ちがきれいな人気者。

タマ(♀)

1996年6月25日生まれ。宮島水族館から来館。元祖イカミミジャンパー(77ページ参照)!

ドン(♂)

1986年4月21日生まれ。よみうりランド海水水族館から来館。おっとりした性格ながらメスに人気だったそう。

写真提供:muny

ポテト（♀）

1994年5月13日サンシャイン国際水族館から来館。メイの母。メイ同様、毛並みが白っぽいのが特徴。

リンクス（2代目コタロウ）（♂）

1989年10月29日生まれ。オホーツク水族館生まれで、94年に横浜・八景島シーパラダイスからやってきました。メイの父で顔まわりの毛が黄色いのが特徴。

ロイズ（♂）

2005年5月4日生まれ。2009年にアドベンチャーワールドから来館。サンシャイン水族館への移動も経る。黒っぽい毛並みが特徴で、名前はチョコレートから。

鳥羽水族館のラッコ名簿

名前	性別	生まれ	概要
モコモコ	♀	1983年10月3日（入館日）	ずんぐりとした体型。
プック	♀	〃	マイペースな性格だが、出産を機にしっかりとした母ラッコに。
コタロウ	♂	〃	いたずら好きな性格でプールを壊した（！？）伝説も。
チャチャ	♀	1984年2月23日	国内初のラッコの赤ちゃん。
チャーリー	♂	1986年4月22日	バンクーバー水族館生まれ、神戸市立須磨海浜水族園からやってきた。
ミッキー	♀	1986年11月18日	宮島水族館からやってきた。タマの母。

「ポテト(51ページ参照)」が親なので、ポテトの品種「メイクイーン」から「メイ」という名前になりました。5月生まれ(メイ)のクイーン(女王様)という意味も納得の、気品が漂うお嬢様にみごと成長。身体能力と知性も優れているそうで、ガラス面に貼りついたイカをジャンプでとる「イカミミジャンプ」が得意。20歳になっても、若いキラより高く飛んでいます。

メイ(♀)

2004年5月9日生まれ。

ロイズ亡き後にひとり暮らしをしていたメイのもとに、2021年アドベンチャーワールドからやってきました。メスどうしなので繁殖はしませんが、おたがいに良い刺激を与え合う、すてきなシスターフッド(絆)を育んでいます。メイより顔が黒いところやヒゲが長い(エサ探索をあまりしないのでヒゲが摩耗しない)ところで見分けられます。

キラ(♀)

2008年4月21日生まれ。

MEMORIAL

マリンワールド海の中道

1989年からラッコの展示をスタート。これまでに18頭のラッコを飼育してきました。
国内最後のオスとなるかもしれないリロに会える、とっておきの場所です。

【所在地】福岡県福岡市東区大字西戸崎18-28

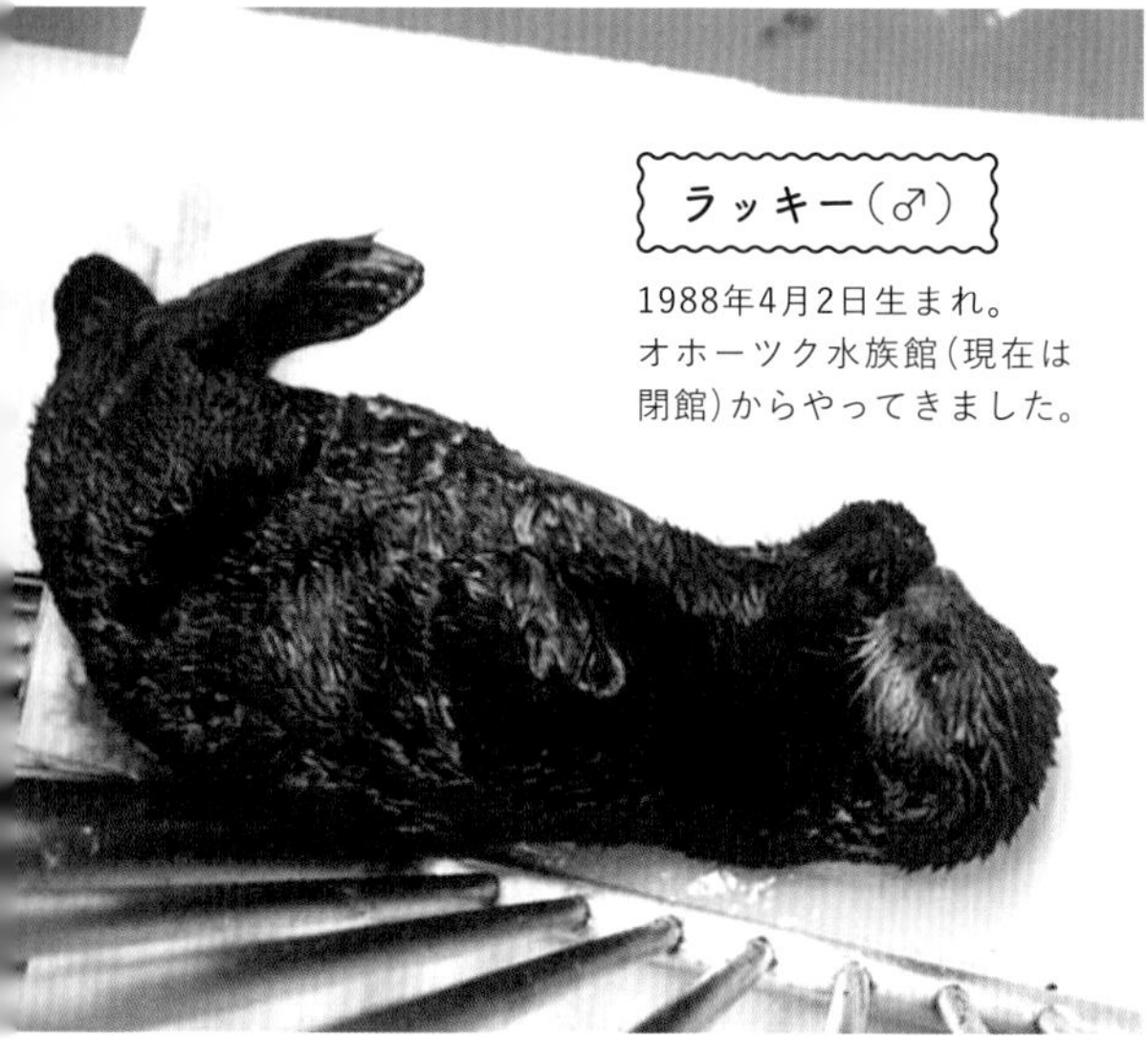

ラッキー（♂）

1988年4月2日生まれ。
オホーツク水族館（現在は閉館）からやってきました。

サキ（♀）

1998年4月7日に来館。
長崎水族館（現・長崎ペンギン水族館）閉館に合わせ、マリンワールドに移動。

キキ（♀）、フート（♂）、ゲン（♂）、アスカ（♀）

1990年2月23日に来館。日本でも大きなニュースとなった1989年にアラスカ沖で起きたタンカー「エクソン・ヴァルディーズ号」の原油流出事故の際に、海で油まみれになっていたラッコたちをアニマルレスキューセンターが保護したラッコたちを親にもちます。キキ、フート、ゲン、アスカは保護センターのプールで生まれ、その後マリンワールドへ移動。レスキューセンターのスタッフは現地からマリンワールドのプールに搬入するまで立ち会いを行い、あたたかい交流が行われました。

写真提供：マリンワールド海の中道

チサ（♀）

1987年6月3日生まれ。カイとの間にナダ、マリン、ララをもうけたほか、国内最多記録となる９頭を出産。

カイ（♂）

1993年8月3日生まれ。大分マリーンパレス水族館「うみたまご」からやってきました。お父さんはサンサン（67ページ参照）。バスケットボールのショーでは、点数をめくる係を担当。

ララ（♀）

2001年12月21日生まれ。当時は祖母・サキと両親、兄・ナダ、姉・マリンと計６頭が過ごすにぎやかなプールだったそうです。

マリン（♀）

1999年12月9日生まれ。待望のメスの赤ちゃん誕生としてうれしいニュースに。合計６回の出産を経験しました。

ナダ（♂）

1998年10月22日生まれ。マリンワールドで初めて生まれたラッコ。バレーボールのラリーなど、手先が器用で人気でした。

ウミ（♂）

2006年5月11日生まれ。マリンの２頭目の子ども。写真はマリンに抱かれているところ。

マナ（♀）

2012年1月25日生まれ。マリンの子ども。日本では珍しかった人工哺育で育ち、当時も大きく注目されました。成長するとリロの恋人に。

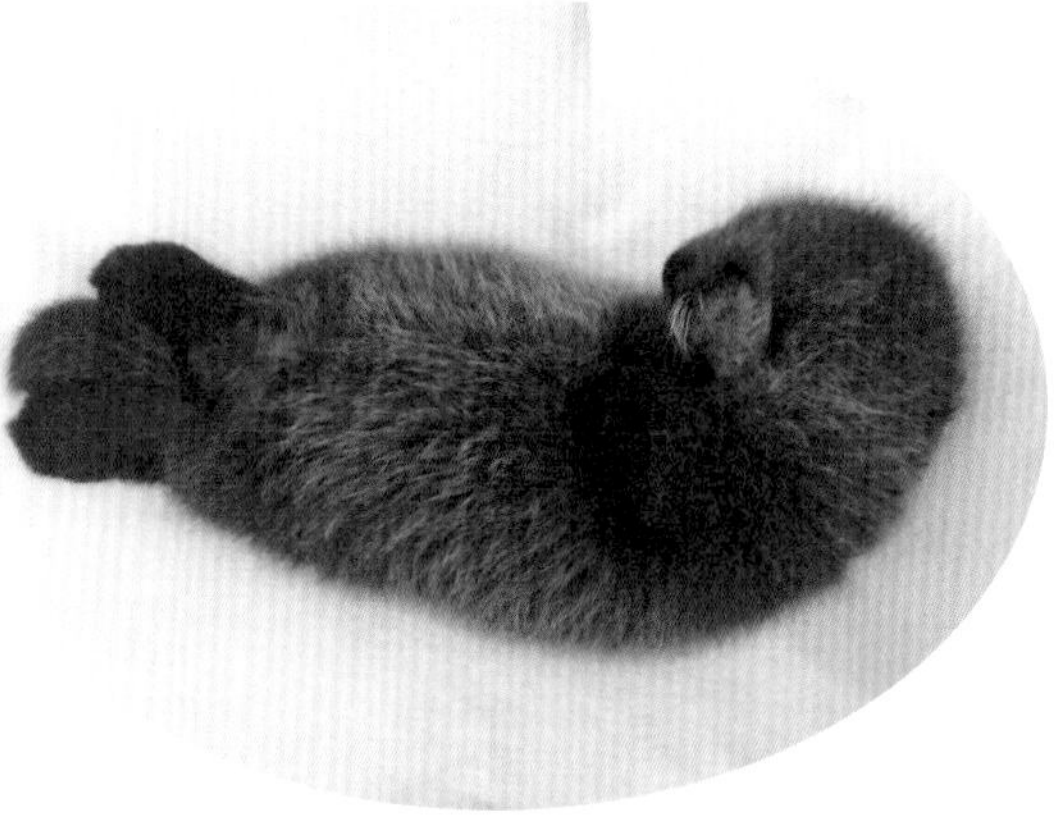

人工哺育中の赤ちゃん時代のマナ。マナを育てた飼育員さんのインタビューは83ページに掲載しています。

水族館からのコメント

マナの人工哺育は、国内のラッコの飼育数減少が進む中の明るいニュースとして、多くのメディアに取り上げられました。人工哺育を決めた当初は、小さく弱々しいマナを前に「どうか、生きて」という想いでいっぱいだった私たちも、無事に1歳を迎えた頃から、いつかマナがお母さんになる日が来ることを期待するようになりました。ラッコの繁殖という課題に取り組むことができるのはマナとリロしかいないと思っていました。私たちにとって、マナは未来を照らす明るい光でした。輝く星であり、希望であり、どうしても叶えたい夢でした。そして、いまも変わらずだいじな宝ものです。

リロ(♂)
2007年3月30日生まれ。
2012年3月8日にアドベンチャーワールドから来館。

オスらしくがっしりした体型で、鼻筋の通った“イケメン”。鳥羽水族館のキラ(53ページ参照)とは兄妹なので、どこか似ているかもしれません。三角コーンなどのおもちゃが好きですが、特にオレンジ色のリングが大好き。カラフルなリングに顔をはめる様子は必見です。泳ぎが力強く動きも速いので撮影は少しハードル高め。お食事タイムなどでガラス面近くに来たときがシャッターチャンスです。

MEMORIAL

サンシャイン水族館

80年代からラッコ展示をスタート。
東京でもラッコが見られるとして、当時から人気のスポットでした。

【所在地】東京都豊島区東池袋3-1 サンシャインシティ ワールドインポートマートビル 屋上

ミール（♀）
2003年4月に来館。

ルーチ（♂）
2003年4月に来館。

写真提供：サンシャイン水族館

MEMORIAL

海遊館

海遊館のラッコといえば、たくさんの人がパタの名前を思い浮かべるはず。
海遊館で生まれ、21歳まで長生きしました。

【所在地】大阪府大阪市港区海岸通1-1-10

パタ（♀）

1996年6月28日生まれ。

水族館からのコメント

気分によって大好物でも食べなかったりすることもあり、飼育員泣かせな性格のラッコでした。でもそんな姿も魅力的で、お客様からも、飼育員からも、たくさん愛されていました。

 写真提供：海遊館

MEMORIAL

伊豆・三津シーパラダイス

日本で一番最初にラッコが来たのは伊豆・三津シーパラダイス。
たくさんのラッコがここで育ちました。

【所在地】静岡県沼津市内浦長浜3-1

プリン（♀・右）、ウイリー（♂・左）

水族館からのコメント

プリンは日本一の美人ラッコだったと思っています。ウイリーは日本にはじめてやってきたアラスカラッコです。交尾期以外はひとりで過ごすのが好きでしたが、最終的には32頭の父親になりました。写真の中央にいるのは2匹の子どもです。

ラッキー（♂）

1984年4月13日生まれ。
抱っこされている
赤ちゃんがラッキー。

水族館からのコメント

この子だけではないですが、とにかくイタズラがすごい。長靴はボロボロ、掃除用の吸い込みホースは穴だらけでしたね。プールに道具などを一度落としてしまうと、すぐにラッコたちのおもちゃになってしまいます。取り戻すのに数時間以上かかりました(笑)。

写真提供：伊豆・三津シーパラダイス

トム（♀）とフジコ（♀）

水族館からのコメント

トムはフジコが初産だったようで、最初は赤ちゃんを抱っこしたまま潜水したりするなど不慣れな様子で飼育員をハラハラさせました。でも2回目の出産から子育て上手なお母さんになりましたね。

リン（♀）

1985年9月21日プリンの第二子。

水族館からのコメント

プリンの第二子。ウイリーとプリンの血を引いたのか白い毛色が多い子で、頭と上半身が真っ白の美人ですが愛嬌もたっぷり。人間と遊ぶのが大好きで、本当にいい子でした。

水族館からのコメント

トムの最初の子で心配しましたが、元気に育ってくれました。性格はおとなしい方で、甘えん坊かもしれません。

フジコ（♀）

1984年11月30日生まれ。

フクタロウ（♂）

水族館からのコメント

ウイリーの最初の子。気が強い男の子で、オスとケンカが絶えない子でした。暴れん坊な性格でしたが、小心者の一面もありましたね。

MEMORIAL

新潟市水族館 マリンピア日本海

2020年に惜しまれつつも亡くなったクータンをはじめ、
人気のラッコがたくさんいました。

【所在地】新潟県新潟市中央区西船見町5932-445

スマコ（♀）

1987年11月10日生まれ（神戸市立須磨海浜水族園）。チャサリーとともに神戸市立須磨海浜水族園から移動してきた、マリンピア日本海では初展示となるラッコ。

マリンピアのラッコ名簿

名前	性別	生まれ	概要
チャサリー	♀	1988年6月9日	スマコと一緒に神戸市立須磨海浜水族園から移動。
ナナ	♀	不明	サンシャイン国際水族館から移動。
ロコ	♀	不明	〃
キャッピー	♀	1990年11月16日	〃
アスカ	♀	不明	マリンピア松島水族館（閉館）から移動。
モグ	♀	不明	〃
ムサシ	♂	1987年3月21日	〃
コジロウ	♂	1991年6月17日	〃

写真提供：新潟市水族館 マリンピア日本海

アイ（♀）と新松（♂）

アイはマリンピア松島水族館（閉館）から移動してきたラッコで、在館中に新松を出産しました。新松は1992年12月7日生まれ。

ココ（♀）

1996〜1998年は神戸市立須磨海浜水族園へ移動。

ララ（♀）

1997〜2000年はかごしま水族館へ移動。

トム（♂）

1995年6月来館。

トコ（♂）

1994年7月15日生まれ。トムとココの子。

ナナ（♀）

1994年4月10日生まれ。トムとララの子。2000〜2005年はアクアマリンふくしまへ移動。

トムとモモの子どもがミミ。ミミは1994年11月5日生まれ。

トニー（♂）

1994年10月2日生まれ（神戸市立須磨海浜水族園）。1996年にトコと交換されました。2006〜2014年は大洗水族館へ移動。

ラッキー（♂）

1998年5月13日生まれ（かごしま水族館）、2008年に来館。2013〜2021年に神戸市立須磨海浜水族園へ移動。

写真提供：新潟市水族館 マリンピア日本海

ミィー（♀）

2003年3月11日生まれ（のとじま臨海公園水族館）。2009～2012年にブリーディングローン（繁殖を目的とした借受）で在籍。

クータン（♂）

2001年5月28日生まれ（のとじま臨海公園水族館）、2005年にアクアマリンふくしまから来館。2009～2012年に神戸市立須磨海浜水族園へ、2012～2013年に大阪の海遊館へ移動。その後はマリンピア日本海最後のラッコとして2020年3月に亡くなるまで人気を博しました。

MEMORIAL

宮島水族館

1985年10月3日からラッコ飼育を開始。
1999年2月にメス2頭を鳥羽水族館へ搬出し、ラッコ飼育を終えました。

【 所在地 】広島県廿日市市宮島町10-3

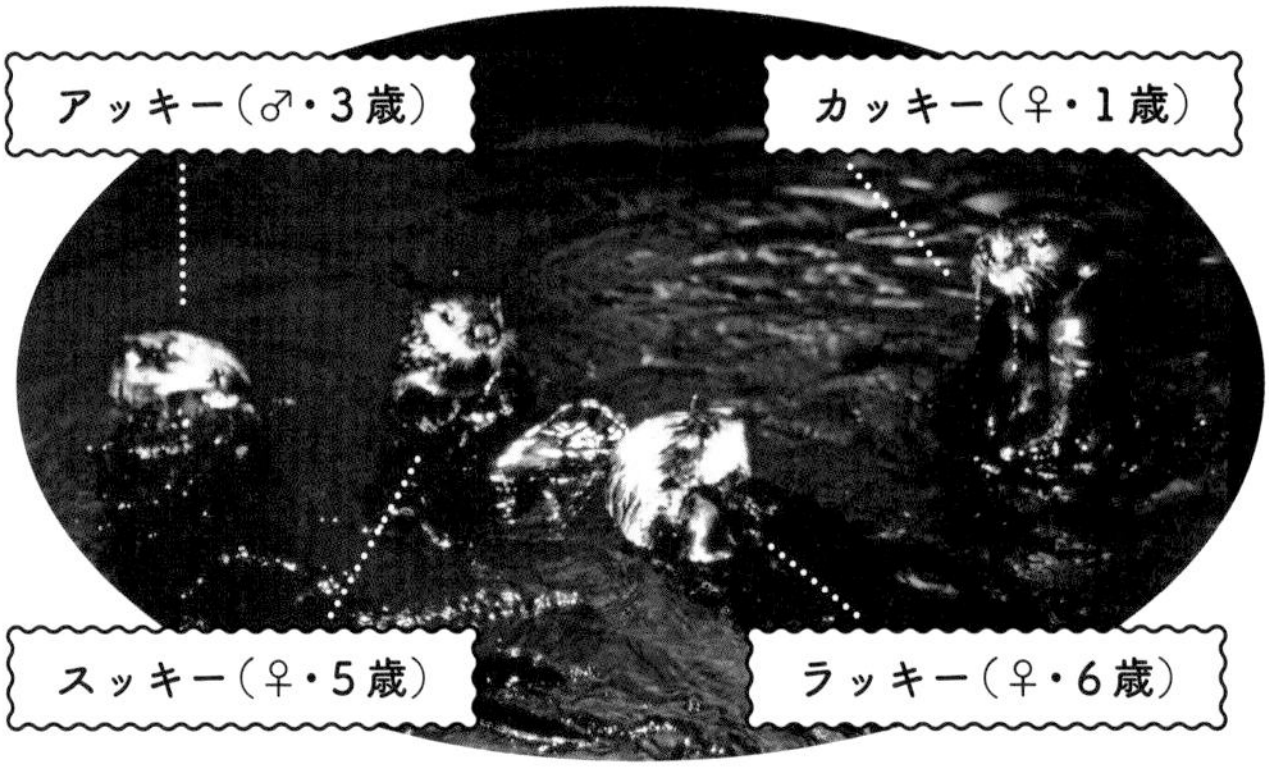

1985年、飼育が始まった当初の4匹。名前は「アラスカ」から。
1986年には白い頭が特徴のラッキーがはじめての繁殖に成功。スッキーはおっとりとした性格、カッキーは好奇心旺盛で遊び好きでした。

母親になったスッキーと赤ちゃん。宮島水族館で2頭目の繁殖。1987年1月撮影。

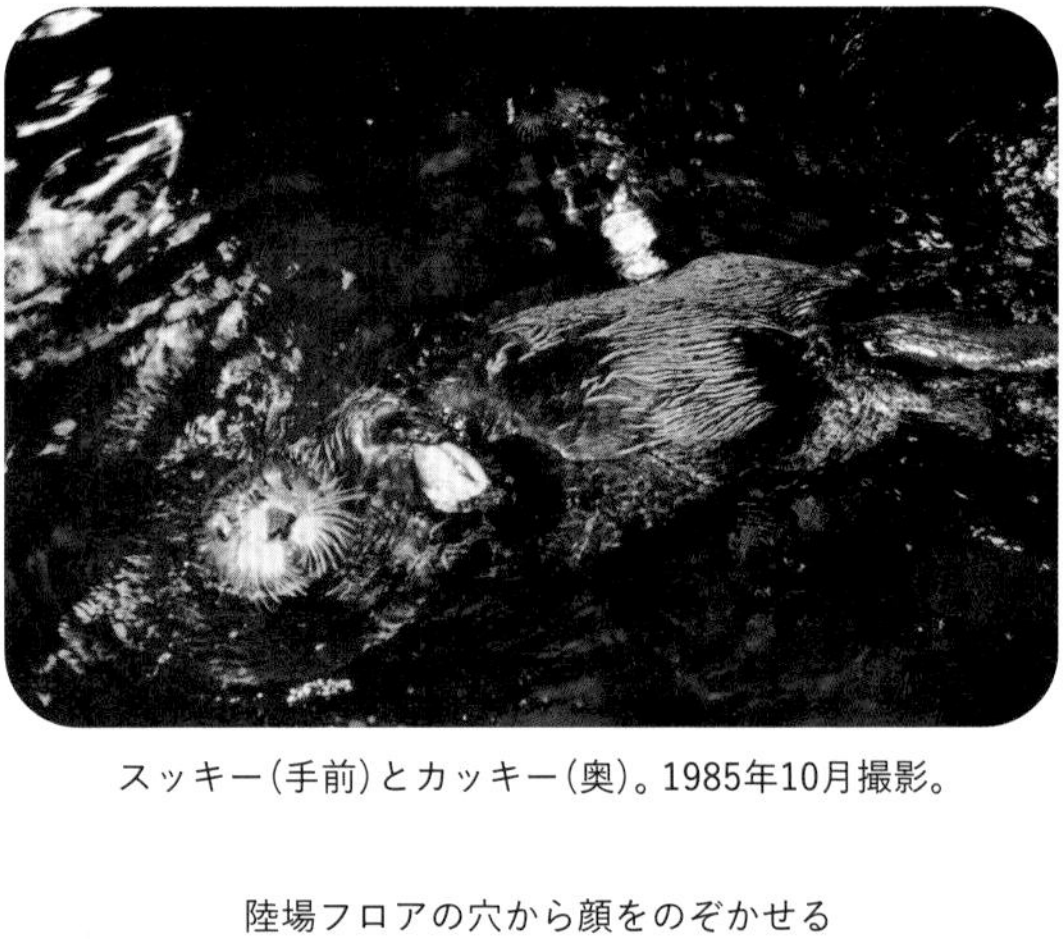

スッキー(手前)とカッキー(奥)。1985年10月撮影。

陸場フロアの穴から顔をのぞかせる
カッキー。1985年10月撮影。

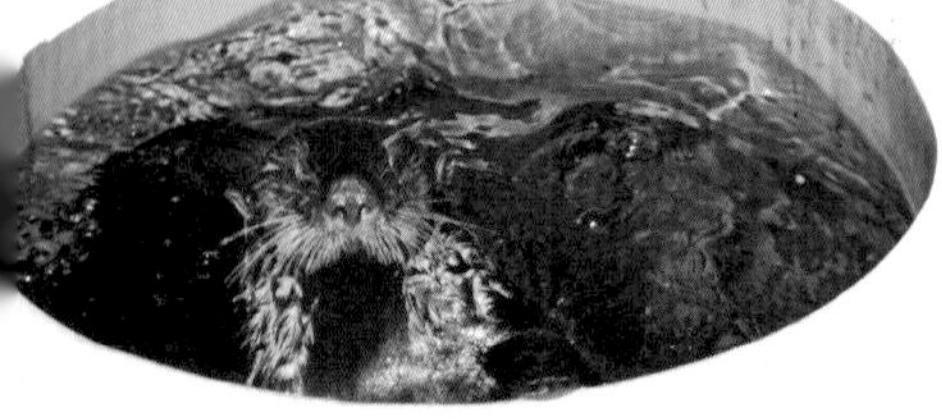

水族館からのコメント

陸場の掃除をしていると、うしろからズボンのすそをひっぱるなどのイタズラが好きでした。

写真提供:宮島水族館

MEMORIAL

大分マリーンパレス水族館「うみたまご」

ラッコショーで人気を博した水族館。
他館も注目する独自の飼育環境で多くのラッコファンに愛されています。

【所在地】大分県大分市神崎字ウト3078番地の22

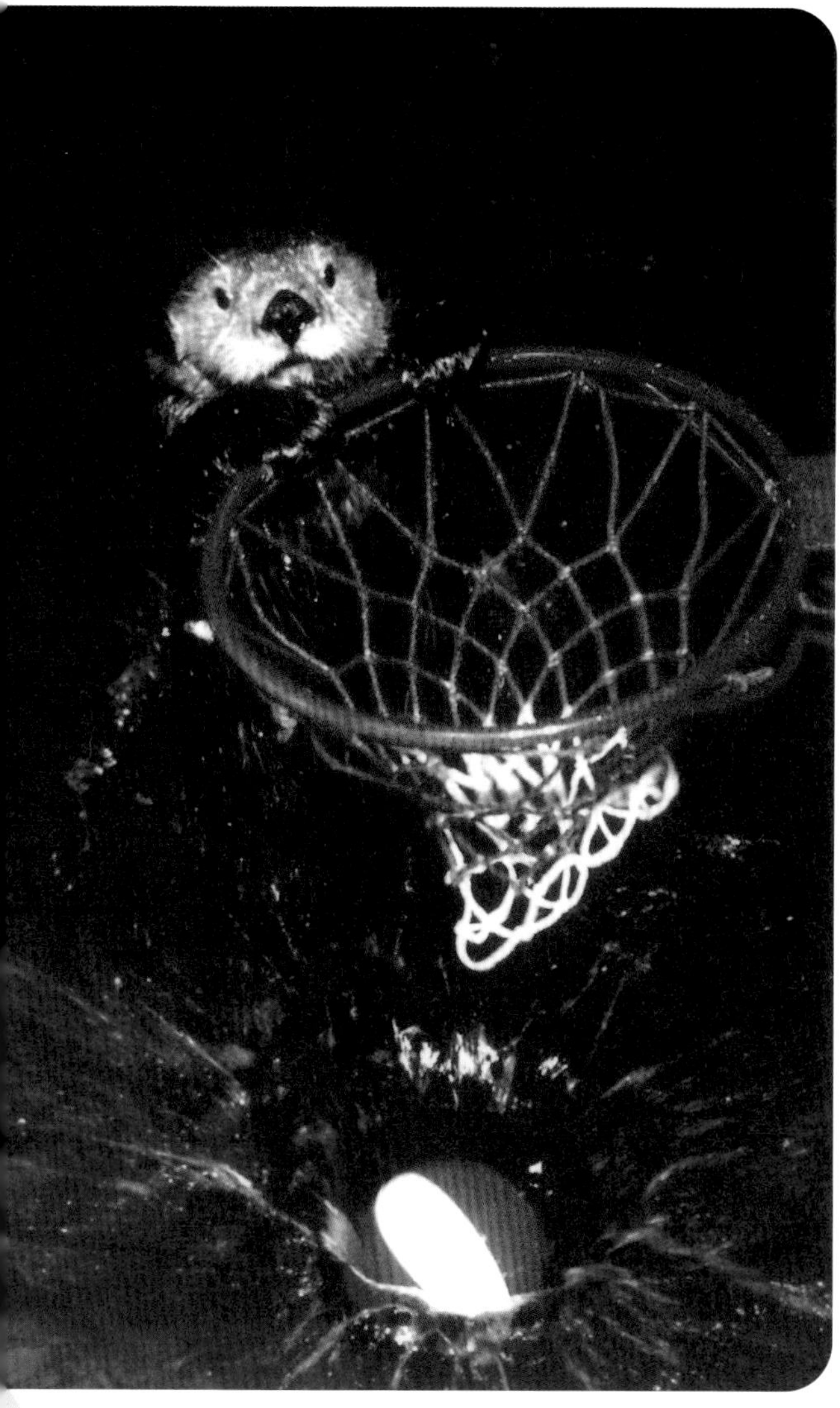

サンサン（♂）

1988年にアラスカからやってきました。
1990年からはじまった世界初のラッコショーは日本中の話題になりました。今回の取材でほかの水族館の飼育員さんからいくつも「あれはすごかった」と話題にのぼるほど。サンサンはプールに取り付けたバスケットゴールにダンクシュートを決めるのが大得意。俳優の織田裕二さんと一緒にエアコンのCMに出演したこともあるので、全国の人の記憶に残っているかもしれません。

ラッコの前あしの器用さ、遊びが好きな賢さを応用したショーはエンターテイメント性もありますが、今でいう環境エンリッチメント（動物福祉の立場から、飼育動物の「幸福な暮らし」を実現するための方策）のさきがけ的な側面もありました。

 写真提供：大分マリーンパレス水族館「うみたまご」

MEMORIAL

いおワールドかごしま水族館

カイのことを覚えている方もたくさんいるのではないでしょうか。
ラッコたちが暮らしていた水槽は、今はアザラシ水槽として役目を果たしています。

【所在地】鹿児島県鹿児島市本港新町3-1

チェリー（♀）

1998年にアラスカからやってきました。ラッキーとの間に赤ちゃんが期待されたものの、残念ながら願いは叶わず。

カイ（♂）

2008年にマリンワールド海の中道からやってきました。チェリーとペア。

水族館からのコメント

ラッキーはうまくいかないことがあると、自分で前あしを噛む行動が見られました。

ラッキー（♂）（ララのお腹の上）

1998年5月13日生まれ。ララとトコの子ども。

ララ（♀）

1997年に新潟市水族館から来館。

水族館からのコメント

ラッコはストレスに弱い動物ですが、ララはとても落ち着きがある個体でした。輸送のトレーニングやセスナ機での移動もスムーズにできました。

トコ（♂）

1997年に神戸市立須磨海浜水族園から来館。ララとは逆に憶病な個体だったそう。

MEMORIAL

アドベンチャーワールド

ジャイアントパンダが暮らすことで有名ですが、
たくさんのラッコが生まれた場所でもあります。

【 所在地 】和歌山県西牟婁郡白浜町堅田2399

アリス（♀）

1987年にアドベンチャーワールドにやってきた最初のラッコ。来園後に繁殖に成功。写真は赤ちゃんの頃のロッキーを抱っこしているところ。

カレン（♀）

アリスと同じ時期に来園。アドベンチャーワールドでは当時「ラッコランド」として5頭のラッコを飼育していました。

 写真提供：アドベンチャーワールド

ララ（♀）

スーと同じ時期にやってきました。お腹の上で貝を割り、器用に食べているところ。

スー（♀）

1987年にやってきた5頭のラッコのうちの1頭。2番目の赤ちゃんのジョーを抱いているところ。1993年2月撮影。

写真提供：アドベンチャーワールド

アリス(♀)とコナン(♂)

写真は1991年に撮影したもの。アリスとコナン(1988年にやってきたラッコ)が仲よく写っています。

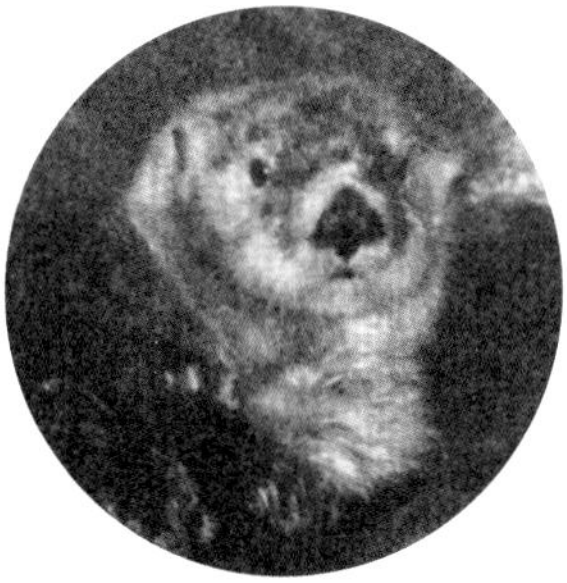

ココ(♂)

1991年9月21日生まれ。待望のアドベンチャーワールドで初めて生まれたラッコで、優しい性格だったそう。

シンシン(♂)

1994年8月15日生まれ。大分マリーンパレス水族館「うみたまご」から韓国へ移動、2001年に来園。

ジュアン(♀)

1997年6月20日生まれ。イタズラ好きで、スタッフの背中に手を掛けたりして服がびしょ濡れになることも。

カン(♂)

1995年6月1日生まれ。当時の記念撮影イベントでは慣れた様子で参加者の近くへ行っていたそう。

ライズ(♂)

2005年5月28日生まれ。

アドベンチャーワールドのラッコ展示

アドベンチャーワールドでは1987年からたくさんのラッコを展示してきました。合計26頭の赤ちゃんラッコが生まれ、14頭が育った地です。鳥羽水族館のキラ(53ページ参照)やマリンワールド海の中道のリロ(57ページ参照)もアドベンチャーワールド出身。

2017年にはアドベンチャーワールドでは飼育しているラッコが1頭に。2021年には本来は複数頭で暮らすラッコの習性を鑑み、最後の1頭を鳥羽水族館に移動することを決定、ラッコ展示の幕を閉じます。そのときに引っ越したラッコが、今、鳥羽水族館でメイと仲よく暮らしているキラです。

写真提供:アドベンチャーワールド

CHAPTER

3

“ラッコな人々”インタビュー集

飼育員さん、研究者、
メディア関係者、ラッコファン。
ラッコにたずさわるさまざまな立場の方に、
ラッコの魅力をお聞きしました。

鳥羽水族館
飼育研究部指導役
石原良浩さん

Q
ラッコ飼育のベテランですがこれまでの経緯を教えてください。

A
入社後は無脊椎動物やスナメリ、バイカルアザラシなど、さまざまな動物を担当しました。ラッコ担当になって、約40年です。

Q
動物が好きになったきっかけは？

A
幼少期からネコ、イヌ、カメ、鳥類・魚類などさまざまな動物を飼いました。海に潜ったり、山に行ったりして「とにかく食べられるものを」という目線でも見ていましたね（笑）。

Q ずばり、ラッコの魅力は？

A 考えて何かをする応用力、適応力です。海獣で唯一道具を使え、器用なところも魅力です。また、どんな動物でも同じですが、目つきを見れば「今日は機嫌悪いな」など気持ちがよくわかるのもおもしろいです。

Q プライベートでもラッコを見に行きますか？

A 三十数年前、新婚旅行でカリフォルニアに行きました。野生のラッコを見る目的で9日間。でも、一度も見られず、飼育されているラッコしか見られませんでした。今は毎年夏に、根室へラッコ調査に行きます。最近はアラスカのシーライフセンターや野生ラッコの生息地、シアトル水族館などを訪問しました。

Q お風呂の椅子に座って世話をするスタイルがいいですね！

A 昔は「うんこ座り」なんて茶化されていましたが、今は椅子に座るスタイルに変更して腰に優しいですよ。プールの水位を高めに設定しているので、ラッコの目線がより近くなっています。

身体能力が高く、賢いのがラッコの魅力

――空前のラッコブームですね。どのようなお気持ちですか?

石原さん　多くの人が興味を持ってくれていることは嬉しいことです。動物園や水族館は、生きた動物を飼育・展示して教育を行う教育施設です。レクリエーション的な意味合いもありますが、博物館の一種です。ただ動物の魅力を言葉や文章で説明してもすぐ忘れてしまいがちです。だから、最初は「かわいい!」でもなんでもいいので、とにかく興味を持っていただくということが一番です。

――飼育していて感じることはなんでしょう?

石原さん　目から情報を取り、そのときどきで最適な方法を考えながら行動する能力を感じます。同じ海獣でもアザラシやイルカとも、思考や行動様式がまた少し違うんです。

――身体能力はどうでしょう。「泳ぐのがあまり上手でない」という意見もありますが実際は?

石原さん　獲物を探して海底を掘り返したり、岩をひっくり返して隙間を探ったりしながら泳げます。さらに、水中で石を使い岩場にいるアワビなどの殻を叩き割って、岩からはがして食べることもできます。複雑な海底の地形に合わせて巧みに泳げるラッコは遊泳能力が優れていると感じます。

アザラシやイルカは皮下脂肪をたくさん持ち、浮力や体温の調整に有利で、衝撃から体を守れます。その点、ラッコは皮下脂肪が少なく、野生では死と隣り合わせの保険のない状態といえます。それなのに、知恵と器用さで生き延びていて、すごい生き物なんですよね。

―― 知的で身体能力も高いと、遊びも大好き?

石原さん　水槽面に張り付いたイカをジャンプでとる「イカミミジャンプ」は、メイより年上のラッコであるタマが鳥羽水族館にいるころに始めました。手の届かないところにあるイカは、普通のジャンプでは届かない。そういうことならと、潜って助走をつけてジャンプするととれる！　そんな感じで自発的に覚えました。最初は2頭でやってくれて、私たちは大喜び。でも、賢いメイは自分でジャンプせずタマから横取り！　と横着するようになりジャンプしなくなりました（笑）。でも、タマがいなくなるとジャンプを再開しました。

―― 遊びを通して体の機能が保たれるならいいですね。

石原さん　一生を終えるそのときまで、できるだけ身体能力を残してあげたいです。プラスにすることができないとしても、マイナスになるスピードは遅くできるはずだと私は思っているんです。新しい遊びも、どう考え、どう動くか？　と、ラッコたちの反応を見ながら探っています。コーンを持ったり、運んだりするのは自分たちだけで発明して遊び始めたんですよ。

―― 先輩のメイは、特に器用ですよね。

　身を食べ終わった貝殻を用途に応じた大きさにするんですよ。歯磨き用の貝、食事に使う貝など、目的に応じたサイズに割りそろえた貝をたくさん持っているんです。メイはそういう能力が際立っています。わきの下にあるポケットのようなところに隠し持っていることもあります。

飼育員は、「一番たくさん教えてもらえる」係

―　飼育スペースを区切るドアをラッコが自分で閉めるのもすごいですよね。

石原さん　私たちが「ドアを閉めなさい」と教えたわけではありません。嫌いなラッコから逃げるために、自然に身に着けた行動なんですよ。

―　それだけ賢いと、手がかかる、コミュニケーションが難しいなどといったご苦労がありますか？

石原さん　どんな動物でも手がかかると思ったことはありません。むしろ、「手をかける」という意識です。毎日同じ作業を繰り返すだけでは先には進めません。常にどういう風に手をかけたらいいかを考え続けないと。

―　石原さんの1日の過ごし方として、「何時になったらこれをする」といった決まりがありますか？

石原さん　常に時間に追われています。時間通りに進むのは給餌だけです。飼育員は開館前に出勤すると、見回りした後、朝のエサの準備と給餌、清掃をし、記録をします。設備の管理も大事な仕事です。

　どんな動物も水族館の環境で快適に生きていけるよう、人工的に飼育環境を作っているということを意識しなければなりません。水質の管理と排泄物の処理は最重要項目です。実習生によく言うんですが、動物園は土地を用意して檻や柵に動物を入れれば形としては完成です。ですが、水族館では水槽などの箱を作って水を入れ、常にきれいな状態に維持し、水温や室温を適切に調整しないといけません。専門的な部分の修理は業者に任せますが、仕組みを理解し、日

常的にチェックすることは各担当者の領域です。

――ラッコの健康管理で、気をつけていることはなんですか。

石原さん　私たちは調子が悪かったら病院へ行きますよね。でも医者の前で黙っていては何も始まりません。いつごろからどんな不調があって、と伝えて初めて治療開始です。動物はしゃべらないので、体調に関する情報をどう得るかを常に考えています。「エサを食べた」だけではダメで、食いつくときにエサを左右に振ったりして様子を見る。首の動きが左右均等に反応すれば、両目が正常とわかります。飼育員は「面倒を見る」係ではなく、「一番たくさん教えてもらえる」係なんです。野生動物は不調を隠すことがありますが、担当者は正直な状態を見せてもらえる努力をしないといけません。

――季節に応じたケアはありますか？

石原さん　換毛など、明確な季節ごとの変動はありません。毛づくろいすることで古い毛を抜き取り、毛の流れを整えてゴミや汚れが取り除かれます。こうして、ラッコの毛皮は水を弾けるのです。皮脂が水を弾くのではなく、毛の密度による撥水なんです。

注意すべきは、前あしのケガです。血が出ても毛づくろいをやめないので、血を毛に塗り込むことになってしまいます。すると、37～38℃の体温で血が固まってしまい、そういう場所から水が吸い込まれ低体温症になって、あっという間に死んでしまいます。

日本の飼育下のラッコ、野生のラッコへの思い

——メイもキラも年々顔が白くなっているようです。あれは、加齢によるものですか？

石原さん　人間の髪が白髪になるのと同じ感じです。毛だけでなく、加齢で筋力が落ちますが、皮膚は縮まないのでたるみが出てきます。体が大きかった個体が年を取って痩せると、水面に浮いたときに皮膚のたるみが目立ちますね。

——プールの水の管理では、どんなことに配慮しますか？

石原さん　デリケートなラッコの毛にダメージを与えないよう洗剤は使いません。また、病原体になりかねない菌やウイルスなどがついているおそれのあるものは、飼育場に一切持ち込まないようにしていますね。水温は年間通して8度から12、13℃が目安です。室温は10℃切るぐらいから、15℃ぐらいまでに設定します。冬の間もずっと冷房を稼働させています。

——魅力たっぷりのラッコですが、もう日本に3頭しかいないんですもんね。

石原さん　突然3頭になったわけではありません。1994年の年間122頭がピークで、これまでの約30年で徐々に減ってきただけです。15～25歳が寿命といわれており、25歳の最高齢記録はメイの母親ともう1頭し

か到達していません。オスでは22歳が飼育下での最高齢記録なので、ラッコが見られるのはあと数年です。園館のラッコ、北海道の野生ラッコが死ぬたびに取材を受けてこのように答えてきたので、少なからずこのことは知られていたはずなんですが……。

—— 鳥羽ではどのような飼育実績がありますか？

石原さん　私は動水協（日本動物園水族館協会）のラッコの個体群管理の担当をしています。以前はラッコがたくさんいて、繁殖も可能であったため血統登録台帳を作成する種別計画管理もしていました。個体ごとに血統登録簿を作り、繁殖計画を立てるのが仕事の内容です。鳥羽水族館は意外と飼育頭数は少ないんです。一時的に半年だけいたものを合わせるとのべ14頭いました。

—— 繁殖で増やすことはできないんですよね？

石原さん　ラッコは繁殖力旺盛で、ピーク時の122頭の半数以上は園館生まれ。これまで日本で取り扱ってきた個体の総数は300あまり。うち200頭以上が水族館・動物園生まれです。ですが、世代を重ねていくごとに繁殖がうまくいかなくなってきたという事情もあります。

—— もし、北海道で野生のラッコが保護されたとしても、それを水族館で引き取るといったこともなさそうですか？

石原さん　可能性は少ないです。根室周辺は海岸線が断崖なので、漁業者が沖に出てそこで見つけない限りは不可能でしょう。体温管理も困難です。ラッコは毛の断熱に特化しており、保温機能が特殊です。もしケガをしたラッコが海を漂っていても、網ですくって船に乗せただけで死んでしまうこともありえます。保護が必要なラッコがいたとしても、法律や許認可の事情もあります。そうこうしているうちに2、3日過ぎ、死んでしまうでしょう。そもそも、保護可能な個体がいたとしても、私たちが飼育をする予定はありません。

――そうした状況下でも継続調査は重要ですね。

石原さん　はい。今後個体数が増えた場合には、地元の漁業者との問題が起きるかもしれません。そのときに何ができるか、何が必要なのかをあらかじめ整理をしておかないといけません。物品、医薬品、畜養施設、人的ネットワークなど。もし仮にここからレスキューに行くとして、北海道まで移動だけで1日かかりますから。その点、アメリカの場合はUSFWS（合衆国魚類野生生物局）と飼育施設の連携が取れています。

――それでも、私たちがラッコのためにできることとは？

石原さん　すぐにピンと来ないかもしれませんが、誰でも今すぐできることとして、ゴミを捨てないことがまず挙げられます。日常的に環境への配慮をし、「ゴミ箱以外の場所に捨てると、最終的に海に行きつく」と考えることが、想像力を養うことに至り、結果、海や野生動物の保護へとつながります。私は、「やりたいことをやって、これまでずっとやってこれたのはお前だけや」と同級生や友達に言われるんです。目指してやってきたわけではなく、偶然の連続の結果です。自分の場所からできることをやって、発信し続けていきたいと思います。

マリンワールド海の中道

営業部主任

土井 翠さん

Q ラッコの飼育で感じたことは?

A 赤ちゃんから1歳ぐらいまでは、丸めれば抱っこできますが、それ以上大きくなると胴が長すぎて、皮膚がダルダルで持ち上げられません。関節がどこにあるか、体がどう動くかもよくわからなくて、動きや形が不思議だなって思います。

Q ほかの水族館で印象に残っているラッコは?

A 大分生態水族館マリーンパレス(現・大分マリーンパレス水族館「うみたまご」)に、ショーをするラッコがいました。ダンクシュートをするんです。アシカならわかりますが、手間のかかるラッコでショーをするなんて! という意味で斬新でした。担当者が遊び心のある方なんですね。マナのお父さんのナダもマリーンパレスから来ました。

Q 今は営業のご担当ですが飼育員時代は何を担当していましたか?

A アシカチームでアシカやアザラシを担当しました。当初はラッコよりアシカが好きで、飼育ブログをよく書いていました。マナの誕生をきっかけにラッコの飼育日誌を書くようになり、ラッコが大好きになりました。今は営業部にいて、ラッコに関する講演を行ったり、ラッコグッズの企画などを行っています。

Q 今のラッコブームについてコメントをお願いします。

A 今は第2次ラッコブームなんて言われてますね。喜ばしいことですが、「数が減っている」という理由で注目されているのならちょっと寂しいなと思います。ラッコの魅力をもっとアピールしなければと思います。

Q ラッコだけの特徴、魅力は?

A 前あしが使えることですね。ものをつかんで持ってくる、ガラスを叩くなど、動作が人に近いので、親近感があります。ラッコにとっては普通にできることが、お客様にすごくウケます。アシカも顔を隠す動作はするんですが、ラッコがやると絶妙なんでよね。

生後10日目から小さなラッコを人工哺育

――土井さんはラッコに関する講演などをよくなさっていますね。

土井さん　ほかの先輩方がラッコをメインで担当されていて、私は以前はアシカの方が好きでした。文章を書くのが好きなので、スタッフ持ち回り制で運営していた飼育ブログでは、アシカの記事をたくさん書いていました。ラッコに関しては、マナの誕生がきっかけです。

――マナはリロのパートナーで、2021年に亡くなったラッコですね。

土井さん　ラッコの出産は比較的うまくいきますが、育たないことが多くて。マナの母のマリンも赤ちゃんがうまく育たないことが続いたので、5回目の妊娠（マナ）がわかったとき、人工哺育も視野に入れて準備していました。

――マリン自身も親離れが早く、子育てを学ぶ機会がなかったそうですね。

土井さん　はい。ちゃんと母親になれるかな？という不安がありました。マリンはまだ自分でグルーミングできない段階で、母のチサが次の妊娠のために発情をしたんです。1～2日オスと過ごし交尾をした後マリンを迎えに来たものの、マリンが「もういい！」と拒否したんです。

――発情、妊娠、子育ては独特なメカニズムなんですね。

土井さん　それが自然の営みなんです。結局、マリンの母乳不足のため、生後10日で人工哺育に切り替えました。母親は子をすぐ抱っこするので、引き離すのは難しいです。赤ちゃんが死んでも離さないぐらいですから。だから、自分が食事をするとき、グルーミングのときなど、赤ちゃんを水面に置いて出かけるときに取り上げるしかないんです。タイミングと段取りについては入念に打ち合わせしていました。

――マニュアルもないし、ご苦労なさったのでは？

土井さん　固形のエサをそろそろ食べられそう、という段階まで育った赤ちゃんの人工哺育例はすでにありました。しかし、生後10日目といった小さな赤ちゃんに関する情報は皆無でした。ミルクは最初、イヌ用、ネコ用を使ったんですが、下痢をしてしまいました。お湯で溶かすときの濃度の加減も難しい。そこで、館長がアメリカのシーライフセンターに連絡し、レシピを教えてもらいました。それが、イカをフードプロセッサーにかけて裏ごしし、生クリーム、肝油などを混ぜた特製ミルク。吸い付きが全然違うんです。

――出産後は24時間体制での見守りですか？

土井さん　はい。ですが、次第に交替制になります。そうなると、自分のときに何かあったらどうしようと、気が気でありません。人工哺育に切り替えてからは、アシカチームの6人で回しましたが、手が足りずイルカ担当、海獣系の担当者、ラッコを触ったことがある人なども駆り出されました。

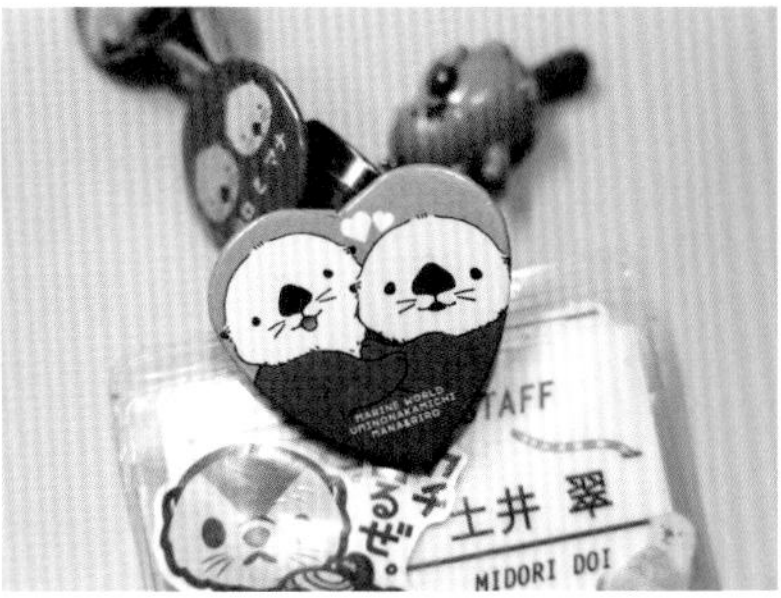

上：名札にラッコグッズがいっぱい。経験を活かし様々なラッコグッズを企画中。左：大きくて頼もしいリロは土井さんの相棒的存在だ。

当たり前にラッコがいる時代ではない

――ミルク以外は、どんなお世話をするんですか？

土井さん　生後すぐはぐったりしていたので、毛をタオルで拭きました。言葉で説明しづらいんですが、毛が細く、密度が濃いので、毛の奥まで水が入ると、いくら拭いても水が取れないんです。毛が多すぎてブラッシングもできません。ドライヤーの冷風を使っても、毛の断熱性能が高すぎて、体温がこもって体がぐにゃっとなるんです。そうなったら、足を冷やしたり、それでも足りないときは水に入れて。でも、冷たすぎると体が固くなってくるので、タオルで体の水をしっかり拭き……とエンドレスです。

――人工哺育中は緊張の連続でしたね。

土井さん　赤ちゃんのピーピー、キーキーといった高い声をよく覚えています。緊張する時期を乗り越えて、次第に大きくなりましたが、24時間体制の見守りは続きます。合間に育児日誌を書き始めました。私は書くことがすごく好きなので、日記を残そうと。

――子育て日記みたいなもの？

土井さん　人工哺育中はお客様に赤ちゃんを見せられないので、ラッコプールに日記を展示しました。そんなこともあり、ラッコのことで取材を受けたり、お話をしたりする機会が増えたというわけです。私一人の仕事ではなく、「みんなで頑張った！」という意識です。

――希少な経験、記録ですね。語り継いでほしいです。

土井さん　小さな小さな壊れそうな赤ちゃん。お母さんが抱っこして、大事に育てる気持ちを経験させてもらいました。マリンワールド海の中道はオープン当時からラッコを飼育をしているので、「当たり前のように水族館にはラッコがいる」と思っている方は少なくありません。でも、今はもう国内に3頭しかいません。皆さんも、「そういえばあそこにもラッコがいたはず、そういえばあそこで見なくなったよね？」と思い当たるかもしれません。数が減っているから注目するのではなく、ラッコの魅力、おもしろさ自体をしっかり見ていただければと思います。

ラッコ飼育歴は？

担当から外れた期間もありますが、
合計20年です。

ラッコに関する思い出は？

一番に思い浮かぶのは、マナの命が続くように必死だったことです。私たちが母親代わりとなり24時間、少しずつ成長していくマナの姿を見守るのは大変な毎日でした。今は飼育員みんな、このことを誇りに思っています。本当に貴重な経験でした。

今後の展望は？

リロは現在17歳（※編集部注：取材当時）。ラッコにとっては高齢と言われる年齢になってきました。これからも健康に、また寿命を全うできるように、飼育員としてしっかりサポートしていきたいと考えています。

ラッコ飼育歴は？

7年です。

ラッコに関する思い出は？

初めてエサを渡したラッコがリロでした。入社当初はいろいろなことに緊張していましたが、リロのあの優しい顔がとても癒しで仕事を頑張ることができたのをすごく覚えています。今ではさまざまな表情を見せてくれる大切なパートナーです。

今後の展望は？

ラッコの最高齢を目指してリロの体調管理をしっかりとサポートしていきたいです！　また、リロが日頃楽しいと思える工夫もしていきたいです。

ラッコ飼育歴は？

14年です。

ラッコに関する思い出は？

やはり人工哺育を経験させてくれたマナとの思い出が、今一番大きな思い出として残っています。子犬のような大きさで、ぬいぐるみよりも軽い体。半年以上の人工哺育は大変でしたが、思い出すのはかわいいマナの様子だけ。しんどかった記憶は残っていません。

リロについて何か教えてください

来館当初、黒くて大きなリロにビックリしたのを鮮明に覚えています。給餌が終わった後、退出する扉までよく追いかけられていました。怖かった……。

今後の展望は？

穏やかな時間を過ごしてもらえるよう、日々の健康管理を続けていきます。目指せ！　歴代最高齢ラッコ！

ラッコ飼育歴は？

5年です。

福永芳樹さん

ラッコについてひと言！

毎年誕生日などにいろいろな所から来てくださるお客様がたくさんいて、とても愛されているな、と思います。

今後の展望は？

リロも高齢なので、健康面などをより気をつかって接していきたいです。

マリンワールド
海の中道 飼育員
一同より

ラッコ飼育歴は？

6年です。

橘みゆきさん

ラッコに関する思い出は？

リロとは、ボイスサインで強化していることやボディランゲージで意思表示をしています。そのため、最初は一発で習得できなかった種目も今ではすんなりといくようになりました。リロとのコミュニケーションが取れるようになったな、と日々実感しています。

今後の展望は？

プールの中にいるリロと陸上にいるリロを比べると、大きさにかなりギャップを感じます。それもラッコの魅力なので、少しでもそのリアル感がお客様に伝わるように解説などの工夫をしていきます。

京都大学
野生動物研究センター 教授
三谷曜子さん

Q
最近、ラッコに関するお仕事を手がけられていますが鯨類がご専門ですよね？

A
もともとイルカやクジラの回遊に興味がありました。ハワイや沖縄からベーリング海まで回遊するザトウクジラの研究をしたかったのですが、日本ではできずさまざまな地でいろいろな研究をしてきた中、北海道大学に職を得たときの研究テーマの一つとしてラッコの研究も始めました。

Q
海棲哺乳類と漁業との競合についてご関心がおありなのですね。

A
歴史をさかのぼると、昔は人間が海棲哺乳類自体を食料や毛皮目的で利用していました。のちに、海棲哺乳類は保護対象となり、魚介類を対象とする漁業が主流となりました。海棲哺乳類の数が回復すると、今度は漁業資源を巡って人間と競合するようになったのです。北海道では今まさに、ラッコと人との間にこの問題が出てきています。

Q
シャチも研究対象ですね。ズバリ、シャチはラッコを食べますか？

A
アラスカでシャチがラッコを食べることが報告されています。シャチが食べていたクジラを人間がとりすぎて、代わりにトドやアザラシ、ラッコも食べるようになったのではという説もあります。ラッコの骨が折れると、私たちがポップコーンをかじるときのような「パリッ」という音がするそうです。

Q
京都拠点では北海道での活動は遠いですよね。どれくらい滞在なさいますか？

A
年に数回行き、1回行くと1〜2週間滞在します。ラッコ生息数の増加という喜ばしい事実もありますが、調査や生活にはクルマが必須でファストフード店もなく、都会の生活とはまったく異なりますし、年々人口が減じる中、漁業ほかさまざまな領域での人手不足というシビアな現実を痛感します。

ラッコが当たり前のようにいて漁業もできる海を！

―人とラッコの競合の問題について、どのようなご意見をお持ちですか？

三谷さん　人とラッコの問題だけでなく、人間同士でもさまざまな見解がある点が難しいことだと思っています。ラッコを絶対に保護すべきだと主張する人々と、漁業を守りたい人々、それぞれに背景がありますよね。研究者として、ラッコの生態や被害状況などのデータを提供すること、またそれを議論の土台として合意形成を促すことが重要だと考えています。

―ラッコがすむ北海道の浜中町は昆布漁が盛んです。昆布については人間とラッコは競合関係にないですよね。カリフォルニアのラッコは流されないように昆布を体に巻き、北海道では昆布を食べて育つウニを食用とします。

三谷さん　昆布はラッコも人間も利用している資源です。一緒に使っているわけです。

―持続的な利用が可能な範囲なら、人間とラッコが共存できる側面もあるということですね。水族館でも、ラッコがずっと見られるといいなと思います。

三谷さん　現実問題として、もう5年、10年後には、日本の水族館からラッコがすっかりいなくなっているかもしれません。その理由について、「ワシントン条約のため新しい個体の導入はできない」という認識をお持ちの方もいるかと思いますが、実態は少し異なります。実はポルトガルで、ワシントン条約発効後にアラスカで保護された新しい個体が入った例などはあるんです。アメリカでは保護個体の行き先がなければ安楽殺になるので、日本でも、動物福祉に配慮した広いスペースを設ける、ラッコのためだけにチャーター便を飛ばすといった対応ができれば、アラスカからラッコを迎えられる可能性はあります。

――アラスカでなくとも、道東に野生のラッコがいますよね。今後、救護や飼育の可能性はありそうですか？

三谷さん　もし、弱ったラッコが浜に打ち上がったとしても、日本では救護するかどうかについて意見が分かれます。助けるべきだという意見もあり、野生動物についてはそのまま放置すべきだという意見もあります。

――救護・飼育するにも施設が必要ですよね。

三谷さん　北海道ではアザラシを救護する施設として以前は、ひろお水族館（北海道広尾郡広尾町、現在閉業）があり、今はオホーツクとっかりセンター（紋別市）、おたる水族館（小樽市）がありますが、いずれもラッコのいる道東からは遠い距離です。もしも救護施設があるなら、移動の負担を減らすため、生息地近くにあることが望ましいですね。また、保護して終わりではなく、野生に返せないなら終生飼育をしなければなりません。

　海外では終生飼育できなくなった個体は安楽殺しているわけです。欧米のように救護と安楽殺というのはセットで考えなければいけません。

――確かに、施設スペースにも限りがありますよね。

三谷さん　保護施設ができたとしても、終生飼育すべきラッコで満員になってしまうこともあるでしょう。そんなときに、救護すれば野生に返せそうな個体

が来たらどうすればよいでしょう。1頭1頭の個体でなく、ラッコという「種」全体を見れば、種の存続のため、今ここにある命をなくす選択もあるのです。野生個体の救護を考える場合、こうした現実から目を背けるわけにはいきません。

——最後に、先生が思い描く人とラッコが共生できる未来はどのようなものですか？

三谷さん　水族館でオスが生まれると行き場がないんですよ。オスはテリトリーを持って複数のメスと交尾する習性があります。そのため、メスがいるところにオスも複数いると、メスを巡って殺し合いが起きることもあるんです。海だったら逃げられますが、水族館では逃げ場がありません。オスとメスとでそれぞれの飼育スペースを設け、別々に飼うことも重要です。

道東の過疎化は深刻で、自然が回復しラッコがいる海が戻るかもしれませんが、漁業ができる町がなくなるのが先かもしれません。そうなったら、現地の人だけでなく都会に住む私たちも新鮮な魚が食べられなくなるでしょう。ラッコはたくさんいるけれど、北海道が誰も住まない土地になってしまうかもしれません。また、風力発電施設や太陽光パネル、原発、核廃棄物処分場であふれてしまう可能性もあります。果たしてそれでいいのかと。野生動物の保全は人間社会の在り方と関係しており、簡単には解決できない難しい課題です。それでも、ラッコが当たり前のようにいて漁業もできる海を維持していくことをゴールとして考えていきたいです。

水族館プロデューサー
中村元さん

Q
水族館プロデューサーとして活動するようになった経緯、現在のお仕事を教えてください。

A
1980年に鳥羽水族館に入社しました。水族館では日本初となる広報部門を立ち上げたのが功を奏し、メディアによるラッコブームを巻き起こし、集客200万人を達成しました。2002年の独立後は経験を活かして展示開発プロデュースや広報集客戦略のアドバイザーをしています。

Q
初めてラッコを見たときの感想は？

A
アメリカの水族館に視察に行ったときの第一印象はずぶ濡れのネコみたいだなと。でも、乾いた顔を見て「かわいい！」と一目惚れでした。

Q
ラッコについて思うことはありますか？

A
連日テレビに取り上げられた80年代のラッコブームは空前のものとなりました。ブームの仕掛け人としてラッコを広く知ってもらえたのにはとても満足でしたが、一方で野生動物をアイドルに仕立ててしまった張本人としては、申し訳ない思いもあります。

Q
ラッコの魅力とは何ですか？

A
かわいいのは言うまでもありません。ラッコに限らず、動物園や水族館にいる動物を見たら、「なぜ絶滅せずこの種は生き残ってきたんだろう？」と興味を抱いていただけると嬉しいです。また、「本来は野生の自然環境の中で生きる野生動物だ」と認識してほしいですね。彼らを見ていると野生の「命」の強さや高貴さ、知恵が見えてきます。

Q
『ラッコの道標』は名著ですね。復刊されないのですか？

A
今のところ予定はありません。現在絶版なのですが、自分でタイプし直してホームページで序文のみ公開しています。

「申し訳ない」気持ちと同時に広く知られたことの意義も

——ラッコ人気再燃につき、80年代のブーム仕掛人としてどう感じますか?

中村さん　最盛期には全国に122頭もいたのが徐々にいなくなり、それに合わせて存在も忘れられていきました。ラッコの記事や番組が増えたのは、激減し「最後の3頭」などと注目されるようになってからです。

——ブームは移ろいやすいですね。

中村さん　ラッコをスターにした張本人として申し訳ないと思うのはそこです。テレビのアイドルに仕立て、人気者になったせいでたくさんのラッコたちが自然の海から日本の水族館に連れてこられてしまいました。その原因は私にあるわけです。

——とは言え、ラッコの存在を世に広く知らせた意義も大きいのではないでしょうか。

中村さん　近年、北海道で野生のラッコが多く見られるようになりました。喜ばしいニュースですが、大量の魚介類を食べるので漁業に深刻な被害を与えている事実もあります。でも皆さんがラッコを知っているおかげで、害獣としての一面ばかりが強調されることなく、「見守っていこう」という声が上がることにもつながったのではとも考えます。そもそも80年代のラッコブーム以前は「ラッコ」という言葉が通じなかったほど誰も知らない動物でした。

——ラッコは中村さんのその後の人生にも影響を与えたようですね?

中村さん　初めてラッコを見た

のは鳥羽水族館に導入する際のアメリカ視察です。2週間で30か所回りました。現地で飛行機が飛ばず、24時間足止めされたことがありました。仕方なく前日は車移動だったモントレーベイ水族館もレンタサイクルでのんびり行ったんです。そうしたら、道中、すぐ近くに野生のアシカはいるし、ラッコもいるし。ラッコなんてジャイアントケルプにくるまっていて。そこで、「あれ、昨日水族館で見てすごいと感動した水槽って地元の光景そのままやん！」と気づいたんです。生き物の生息環境ごと再現・展示する生態展示の先駆けのようなものでしたね。

動物園・水族館が環境を考えるきっかけになれば

―当時の鳥羽水族館には何頭のラッコがいたんですか？

中村さん　5頭です。わんぱくなオスのコタロウも印象深いですが、なんといってもメスのモコモコが美形でしたね。モコモコの写真しか撮らなかったです。とにかくバランスがよく貫禄もある。交尾でオスに噛まれる機会がなかったので、鼻も無傷できれいなんです。やってきた頃から毛色も白くて。

―水族館のラッコにとって好ましいこととはなんでしょうか？

中村さん　ラッコは、潜って、食べ物をとってと、一日中海女さんの仕事をしているようなものです。365日働くなんて大変……なんてことはなく、ラッコはそれができないことの方がストレスなのかもしれません。それが自然な行動ですから。水族館ではシャチやサメに襲われる恐れもありませんが、それもストレスかもしれません。弱いオスがメスと交尾できないのは当たり前ですが、押さえつけてくる強いオスでなく、弱いオスと交尾しなければならないことのほうがストレスかもしれません。人間の尺度で判断したり、擬人化したりすることなく、ラッコの自然な行動を引き出したいですね。

――水族館プロデューサーとして、今のラッコ展示をするなら？

中村さん　彼ら彼女らはより本来の姿を見せられるようにしなければ意味がないと考えます。プールに波を起こしたり、ちょっと泳ぎにくい環境にしたり、簡単に捕まらない速く泳ぐ魚を混泳させたりなど、異種混合もいいかもしれません。エトピリカなどの海鳥との同居もおもしろそうです。食べ物の奪い合いもいい刺激になりそうです。とは言え、それを実現するには課題も多いのですが。

――園館の「種の保存」の役割も、今後大きくなりそうです。

中村さん　絶滅が危惧される動物が多く、生息地での保護が難しい動物に対して動物園や水族館では「生《せい》息《そく》域《いき》外《がい》保《ほ》全《ぜん》」に取り組んでいます。もとは絶滅に瀕した動物を野生に戻すためのものですから、絶滅の要因となる自然環境を取り戻すことが必要不可欠です。でもラッコは環境さえ保たれれば絶滅しません。ですから、園館の最大の目的はラッコなどの野生動物とその環境を守ろうとする人々の心を育てることと言えると思います。ラッコや動物たちの命を預かり、展示するその先にはこうした思いがあります。また、動物園や水族館には子どもたちだけでなく、老若男女を問わず広く「社会教育」の役割を果たすべき存在になってほしいと思います。人生を豊かにする要素に加え、地球の健全な未来をつくる教養や知識を育む場所です。より多くの人へ、広く社会の課題に関心を持ち、考えるヒントを与えられたらいいですね。

構成作家

恒川省三さん

Q　テレビ番組「わくわく動物ランド」はラッコブームの火付け役的存在ですね。

A　番組制作会社に入社後、TBSに派遣され「8時だよ！　全員集合」などのADをしていました。当時のプロデューサーから動物番組の立ち上げにお誘いいただき、ディレクターデビューしました。

Q　番組でラッコを取り上げたきっかけを教えてください。

A　鳥羽水族館さんと情報交換するなかで、ラッコの導入時から番組で追い続けることに。まもなくメスの一頭が妊娠しているという連絡があり、成長記録を克明に撮影しようと決めました。ちなみに、そのときの赤ちゃんは故郷のアラスカの海で授かった命のようです。ラッコが水族館に入館した時も妊娠に気づいていなかったので、まさにミラクルでしたね。

Q　番組がラッコブームに火をつけ、水族館の入場者も増えたそうですね？

A　上野動物園にパンダが来たときのような熱気でしたね。係の方が常に「立ち止まらないでください！」と大声でお客さんを誘導していました。

Q　ラッコを主役にする決め手はなんだったのでしょうか。

A　当時、鳥羽水族館の企画室長だった中村さん（94ページ参照）と情報交換するなかで、水に浮かぶぬいぐるみのようなラッコを見せてもらいました。すごく可能性を感じたんです。この不思議な生き物の生態を多くの方に知ってほしいと思いました。

Q　初めてラッコを見たときの感想は？

A　番組に関わるまでラッコのラの字も知らなかったですよ。最初はあまりの衝撃で、撮影が終わって閉館後も夜までずっと見ていました。グルーミングしたり、貝を渡すとお腹の上で器用に割ったり。なんでこうなったのだろうと考えるとおもしろくて。

Q ラッコの姿を生中継したこともあるとか？

A 半年に一度の生放送の特番の目玉として、わくわく動物ランドのレギュラー回答者だったタレントの榊原郁恵さんが「飼育員に挑戦！」しました。ラッコに負担をかけないよう、細心の注意を払いました。

Q スマホもネットもない時代ならではのご苦労もあったのでは？

A 海外との連絡は国際電話とファックスしかありませんし、フィールドワーカーもいませんから、洋書の動物図鑑で大まかなことを把握してから現地の研究者にコンタクトをとり、撮影に臨みました。1～2か月海外にいるのが当たり前で、帰国すると「浦島太郎状態」でしたね（笑）。

Q ラッコのほかにも「わくわく動物ランド」では人気動物を輩出しましたね。

A アフリカ、オーストラリアなど地域別に担当ディレクターが決まっていて、私はアメリカ担当でした。エリマキトカゲやウーパールーパーを発掘したり、メキシコのパンダも取材しましたよ。

Q 知られざるラッコの素顔は？

A 魅力的な動物ですが、けっこうえげつない面も。ある海域ではエサである貝やウニを食べ尽くし、食べ物がなくなると移動していくこともあると聞きます。愛らしい見た目にそぐわず、大食いなんですよね。

Q ラッコが日本の動物園や水族館にいなくなるかもしれません。

A もしそうなったら寂しいですが、どうしてもという人は海外の水族館に行くことをおすすめしたいですね。カリフォルニアのモントレーベイ水族館は最高です。日本の水族館のお手本みたいなところですよ。

国立研究開発法人 水産研究・教育機構
水産資源研究所 広域性資源部

服部 薫さん

Q

釧路の研究所にご所属でラッコも研究されていますが初めて見たときのことを覚えていますか？

A

たぶん、テレビや本以外では野生のラッコが初めてじゃないかなと思います。大学に入ってラッコの研究をすることになって、根室に探しに行ったのが最初の記憶のような気がします。なので、ラッコという動物の印象というよりも、「あ、いた！」というのが最初に残っている感想です。

Q

ラッコファンへメッセージをお願いします。

A

たまに1頭現れる程度であった時代から考えると、今のように身近に高確率で野生のラッコを見られるようになったのはとても感慨深いです。

　博物館などで剥製を見ると、意外と大きいのは、ラッコファンの方々ならよくご存じかもしれませんね。もし北海道の海でラッコを見る機会があれば、同じ海で暮らすアザラシやトドにも目を向けてもらえれば嬉しいです。

Q

著書『日本の鰭脚類《ききゃくるい》』でアシカとアザラシを紹介なさっています。これらとラッコを比べてどのような点がおもしろいですか？

A

ラッコはアシカやアザラシと同じように、水中に潜ってエサをとりますが、それを海面に持ってきて食べるので、何を食べているか観察されてしまうのが、違っていておもしろいなと思います。ラッコは海面で多くの時間を過ごすので、陸の哺乳類と比べても、子育てなども目にすることができますよね。

トド

アザラシ

週刊「ラッコ大好き！」管理人 munyさん

Q munyさんのラッコサイトは充実していますね。

A ネット黎明期からやっています。吉川美代子さんの著書『ラッコのいる海』（1992年）は取材の参考にさせてもらいました。鳥羽水族館に中村元さんがいた頃は、中村さんが主宰するネットの掲示板を通じてファン同士で情報交換やオフ会をしていたんですよ。

Q 霧多布も行きましたか？

A 時代を先取りしすぎたようで、かなり昔に行ったんですが全然見られませんでした。その名の通り、霧が濃くて。襟裳岬では何回かラッコを見られたんですけど。

Q 昭和のブームの頃からラッコひと筋なんですね。

A 40年近くラッコファンです。ラッコが初導入されたとき、家族で旅行でたまたま行った伊豆・三津シーパラダイスで見た記憶があります。高校生のときに岡野薫子さんの著書『銀色ラッコのなみだ』（1975年）を見つけて、ラッコが登場する本があるんだと興味を持ちました。大学生になってクレーンゲームでラッコのぬいぐるみを見て、「これはかわいい！」と、ラッコ熱が加速しました。

Q 今はどんな頻度でラッコ観察をなさっていますか？

A すっかり頻度が低くなりましたが、年に数回です。鳥羽水族館では顔見知りの飼育員さんがいて、以前はなんでも質問をしていましたが、最近は静かに観察するのが楽しいです。新しいラッコファンの方も増えてかなり熱く国内外で追っかけをする人などもいますね。ライブカメラで見るのも楽しいですよ。

撮影：muny

週刊「ラッコ大好き！」
http://rakkolove.blog52.fc2.com/

CHAPTER3でインタビューしたみなさまには
ラッコとともに生きるための
大きな視野とヒントを
授けていただきました。

ラッコ保護には多くの人の
知恵と力が必要です。

保護に興味が出たら、125ページもお読みください。

CHAPTER

4

野生ラッコの海へ

～北海道・霧多布紀行～

野生のラッコに会うため、北の果てへ。
道東の自然は
「ラッコも私も一頭、一人で生きているのではなく、
命の環の中に生きている者だ」
と教えてくれます。

撮影：片岡義廣さん

北海道東部に野生ラッコが帰ってきた

3月某日、羽田空港7時40分発の飛行機は9時15分、釧路空港*に着陸。快晴でしたが、気温はマイナス4℃と、かなりの寒さです。ここから、北海道に住む知人のクルマに乗せてもらい、2時間弱で釧路市と根室市の間に位置する浜中町という静かな港町に到着しました。

この知人が今回の取材旅行のカギを握るので、少し紹介させてもらうと筆者が企画・編集した書籍*の著者の岩間翠さんで、挿し絵も担当した生き物好きです。

さて、浜中町といえば、ラッコファンの聖地的存在の霧多布岬《きりたっぷみさき》。「霧多布」は愛称のようなものであり、湯沸岬《とうふつみさき》が正式名称です。近年、大人のラッコのみならず、母親に抱かれた赤ちゃんも目撃されるようになり、地元の人や遠方から来るラッコファンが温かく見守っています。

※紹介施設は、事前に営業時間などをご確認の上、訪問や交通手段をご検討ください。
※電車、バスの便は少なく、タクシーも予約制なので、事前にしっかり準備しましょう。

● 釧路空港

愛称は「たんちょう釧路空港」。羽田空港からMCC（ミドルコストキャリア、LCCほどではないが比較的手頃な運賃を提供）のエアドゥが就航している。釧路空港からは複数のレンタカー会社がサービスを提供する。

ラッコと海鳥を見守る片岡義廣さん

浜中町でゲストハウス「*えとぴりか村」を経営するのが、片岡義廣さん。*NPO法人エトピリカ基金の代表理事を務めています。京都出身・東京育ちという都会人ですが、海鳥の*エトピリカに魅せられ移住してきました。えとぴりか村はラッコ観察の重要な拠点ですが、野鳥ファンも多く訪れます。

私たちは、ここに1泊することにしました。

● **書籍**

『口を開けたらすごいんです！いきもの口図鑑』（インプレス、長谷川眞理子監修）。生き物の「口」だけに焦点を当てた、まったく新しいイラスト図鑑。

● **ゲストハウス「えとぴりか村」**

北海道厚岸郡浜中町湯沸157。じゃらん、楽天トラベル、電話などで事前予約をしてからの訪問が望ましい。夕食なし・朝食付き。

● **NPO法人エトピリカ基金**

海鳥の保全や調査を目的に2010年に設立。個人会員年会費2000円〜。代表の片岡さんがラッコ情報を発信している。過去、ラッコのクラウドファンディングでは目標額の377%を集めた。『ラッコ・霧多布で生まれたA子の物語』発売中。

広すぎる大地に野鳥いっぱい、店は少なめ

釧路空港から霧多布岬までは、スマホの地図アプリによると約1時間50分。道中、コンビニやレストランなどはほとんどありません。ちなみに、霧多布岬では冬はトイレが使えないので、これらの施設は要チェックです。

*オジロワシ、オオワシなどの大型の猛禽類観察には、野鳥のガイドブックや、高倍率の*双眼鏡《そうがんきょう》・単眼鏡《たんがんきょう》持参をおすすめします。ノスリやハヤブサなどのほか、*タンチョウが飛んでいることもあります。釧路湿原の北部に*鶴居・伊藤タンチョウサンクチュアリがあるので、立ち寄ってみるのも良さそうです。

● エトピリカ
全身は黒系だが、クチバシと足は鮮やかなオレンジ色。北太平洋に広く分布する。絶滅危惧IA指定。体長約45㎝。

● オジロワシ、オオワシ
ともに、翼を広げた全長が2m近くになる。オジロワシは全身が濃茶系で、尾が白い。オオワシは全身が黒系で、翼の前と尾羽、足の羽毛が白。クチバシやあしは黄色。

● 双眼鏡・単眼鏡
両目で見るのが双眼鏡、片目で見るのが単眼鏡。単眼鏡は片手で使用でき、視野は狭いが対象に集中できる。双眼鏡は、広い視野で動きのある対象をとらえやすい。片岡さんのおすすめは双眼鏡。筆者はビクセンの7～21倍ズームの双眼鏡を携帯し、大いに役立った。

厳しい自然が生んだ海の幸とたくましいラッコ

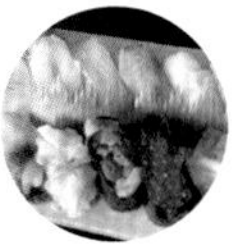

霧多布岬周辺にはファミレスもカフェもありません。商店街というほどの規模ではありませんが、店が点在する一角に「寿司 ひらの」というレストランを見つけて訪問。ネタもシャリも大きな寿司を食べてから、13時ちょっと前に霧多布岬へ。

断崖絶壁が続く岬が太平洋に突き出したダイナミックで荒々しい景観です。晴れているのに、風は強く冷たく、服装の防寒はバッチリでやってきたものの、顔と手の感覚がなくなってきて、頑張って可能な限り見渡せどラッコを見つけることはできず……。

えとぴりか村に16時にチェックインし、村長の片岡義廣さんに同行いただき、霧多布岬を再訪することに。すると、海面に1頭ラッコが浮かんでいるではないですか！ 全身黒っぽく、潜ったり、何かを食べたりと、常にせわしなく動いています。顔つきも精悍で、水族館のラッコとは異なるワイルド系です。

岬からラッコまでの距離は遠く、小さく見えるとはいえ体は大

● タンチョウ

全身ほぼ白色で、頭頂は赤色。全長約140cm、翼を広げた全幅（翼開長）が250cm（オス）。渡りをしないため、道東で1年中観察できる。

● 鶴居・伊藤タンチョウサンクチュアリ

北海道阿寒郡鶴居村字中雪裡南。日本野鳥の会が開設したタンチョウ保全の拠点の一つ。

きそうだと感じます。鳥羽水族館で飼育員の石原良浩さんに聞いたことを思い出しました。

「カリフォルニアラッコ、アラスカラッコ、チシマラッコと3亜種あるラッコの生息地はすべて太平洋です。アラスカはフィヨルド、内岸が多いので、海がそれほど荒れません。どちらかというと北海道などの方が厳しいので、3亜種の中で、チシマラッコが最も体が大きいんです。風があれば荒れる厳しい環境への適応です」

とのことでした。

　肉眼での観察、双眼鏡での表情観察を暗くなるまで堪能しましたが、ラッコは遠く、動きは速いため撮影は困難。光学83倍ズームのカメラ*の出番もままならないうちに、低温のためあっという間にカメラはバッテリー切れ。冷え切った身体と機材を抱えて宿に戻りました。

唯一撮れた写真がコレ。

●カメラ

霧多布でのラッコ撮影には、野鳥写真家が使うような、カワセミを大写しにできるレベルの超望遠レンズが必要。レンズ交換式でないカメラなら、ニコンのCOOLPIX P900、P950あたりなら使える。冬は低温によるバッテリーの消耗が激しいので、使い捨てカイロが役立つことも。また、手ブレを予防するための三脚や一脚、レンズを手すりなどに固定できるレンズピローなど、撮影スタイルに合わせて機材を用意したい。

岬の周辺は特別地域として保護の対象になっているので、遊歩道の柵の中だけを散策しましょう。ラッコへの餌付け、怖がらせること、自然を壊すことなどは厳禁。

「とにかく粘り強く現れるのを待つ」のがコツ

北海道に移住した、元しながわ水族館長の冨山昌弘さんもラッコ界で知られた人物。霧多布を訪問する前に筆者は、冨山さんに連絡を取り、アドバイスをもらっていました。

過去のメールを読み返すと、冨山さんは釧路を拠点にしていますが、ラッコ観察は遊歩道や柵が整備されているという理由で、釧路ではなく浜中町・霧多布でのラッコ観察をおすすめしているとのこと。霧多布以外は断崖絶壁で滑落の危険がある、漁港などでの観察は漁師さんや地元の方々への配慮が必要といった理由からです。

観察のコツについて、次のように教えてもらっていました。

「双眼鏡は必須です。コツはとにかく粘り強くラッコが現れるのを待つことです。特にオスのラッコは自分の縄張りを一日に複数回パトロールするため、縄張り内にいれば必ず現れます。また、双眼鏡で海をくまなく観察していると、突然目の前にラッコが現れることもあります。遠くだけでなく自分の近くも諦めずに探すこ

と。ラッコは潜水すると1～3分潜り続けることがあり、一度確認していなかった場所でも繰り返し観察することで、浮上してきたラッコを見つけられることがあります」。

冨山さんアドバイスまとめ

　メスが定着している場所はまだほんの数か所ながら、オスのラッコが定着している場所はかなりあります。場所によっては漁港の中に居着いているものもいて、かなりの至近距離で観察できることもあります（場所は秘密ですが）。

　一方、数が少ないながらもメスが定着した場所では繁殖が確認されています。春から秋にかけてはかわいい赤ちゃんラッコの姿も観察できています。こちらでは１年中ラッコを観察できますが、春と秋に出産が見られているので、春と秋は生まれたばかりの赤ちゃんラッコを観察できるチャンスがあり、子育ての様子や、子ラッコの成長を見られます。また、夏場は海霧が発生することが非常に多く霧との戦いでもありますが、海には海藻が繁茂し、海藻にくるまって休む様子が観察できます。冬場は極寒の中での厳しい観察とはなりますが、この時期は岩場などに上陸する姿が頻繁に見られるなど、四季折々でいろいろなラッコたちの様子が観察できます。

　ラッコが見えづらい場所にいることも多く、最近はドローンを飛ばす人も出てきました。ドローンを低空に飛ばすとラッコはその音に驚き過大なストレスを与えてしまいます。霧多布でも昨夏のドローンの一件以来、ラッコたちが観察しづらい状況となってしまいました。

　マナーを守って、動物たちにストレスを与えることなく、自身の安全と周囲への配慮を忘れずに観察してもらいたいと思います。

金色の朝日に染まる海に浮かぶラッコ

霧多布2日目。えとぴりか村の朝は早く、7時半に片岡さんと奥様、宿泊者みんなで朝食をとるのがルール。ですが、私は5時に起きて支度をし、単独で歩いて霧多布岬へ向かいました。ラッコ観察3回目。気温マイナス6℃、片道約15分。朝6時のまだ暗い世界に朝日が昇り、金色に輝く海に向かって歩くのは、ほかでは得難い神秘的な体験でした。

前日と同じ場所に行くと、ラッコが1頭。動きや泳ぎのスピード感、潜り・浮上のタイミングがわかってきたので、ラッコを見る目の解像度が上がったのを実感します。

前あしの器用さ、背を丸め潜る姿のしなかやさ。「かわいい」の言葉だけでは表現しきれない美しさ。そして、仰向けに浮く姿は奇妙で愉快な感じです。

いつの間にかメスが子連れで帰ってくる

宿に戻り、朝食*をいただきつつ片岡夫妻へインタビュー。庭のエサ台にやってくるシジュウカラ*やハイタカなどの野鳥を見ながらの歓談も楽しいものです。

片岡さんがラッコを確認したのは、この地に移り住んだ年の翌年の1986年。とはいえ、野鳥がご専門なので、ラッコに対しては「ああ、なんかいるな」という程度で特別な感動はなかったそうです。ですが、もともとこの地域に住んでいた方たちはラッコの存在をもちろん知っていました。注目されなかっただけで、野生生物としてラッコはしっかり道東で生きてきたのです。

「2012年から毎年見られるようになりましたが、定着しませんでした。2016年にオス1頭、メス2頭になり、もしかすると居着くかと思って見ていると、2018年から繁殖を始めました」

この取材時は「最近確認されているメスが6頭で、繁殖可能な若いのがまだ3、4頭」とのことでしたが、片岡さんのSNSでは、「オス1頭にメス6頭」「今日は1頭も見当たらない（が、数

● えとぴりか村の朝食
タンパク質、ビタミンもとれる栄養バランス&ボリューム満点の手作り朝食が嬉しい。

● シジュウカラ
エサ台にやってきた。この写真は実はハイタカと思われる猛禽類に狙われフリーズしているところ。

日後にまた突然戻ってくる)」など確認情報が日々変化。それだけラッコの行動は予測不可能で、特に繁殖についての謎が多いらしいのです。

「いつの間に産んだのか、子どもを抱いているんですよね。また、私たちは目撃できませんでしたが、岬で突然出産したことも。お腹がぺったんこなので、妊娠がわからないんですよ」と奥様が言うと、「嵐の後にやってきたメスがそのまま子どもを産んだこともあるんです」と片岡さんが続けます。

母子の姿に感動するも、突然子育てが終わることも

いつの間にか子がいなくなるのも観察されています。霧多布では、メスが5頭産み最後の子がやっと育ったところで子を置いて姿を消したことがあるそうです。また、根室の方からメスが流されてきて、いなくなり、2年後ぐらいに大きめの子どもを抱いて戻ったのに、2週間ほどいた後にまた姿を消したこともあるのだ

全身が暗めの体色をしています。ヒレ状になった後ろあしと長い尾が観測でき、下腹部の様子からおそらくメスと思われますが、片岡さんレベルでも個体識別はさすがに困難。

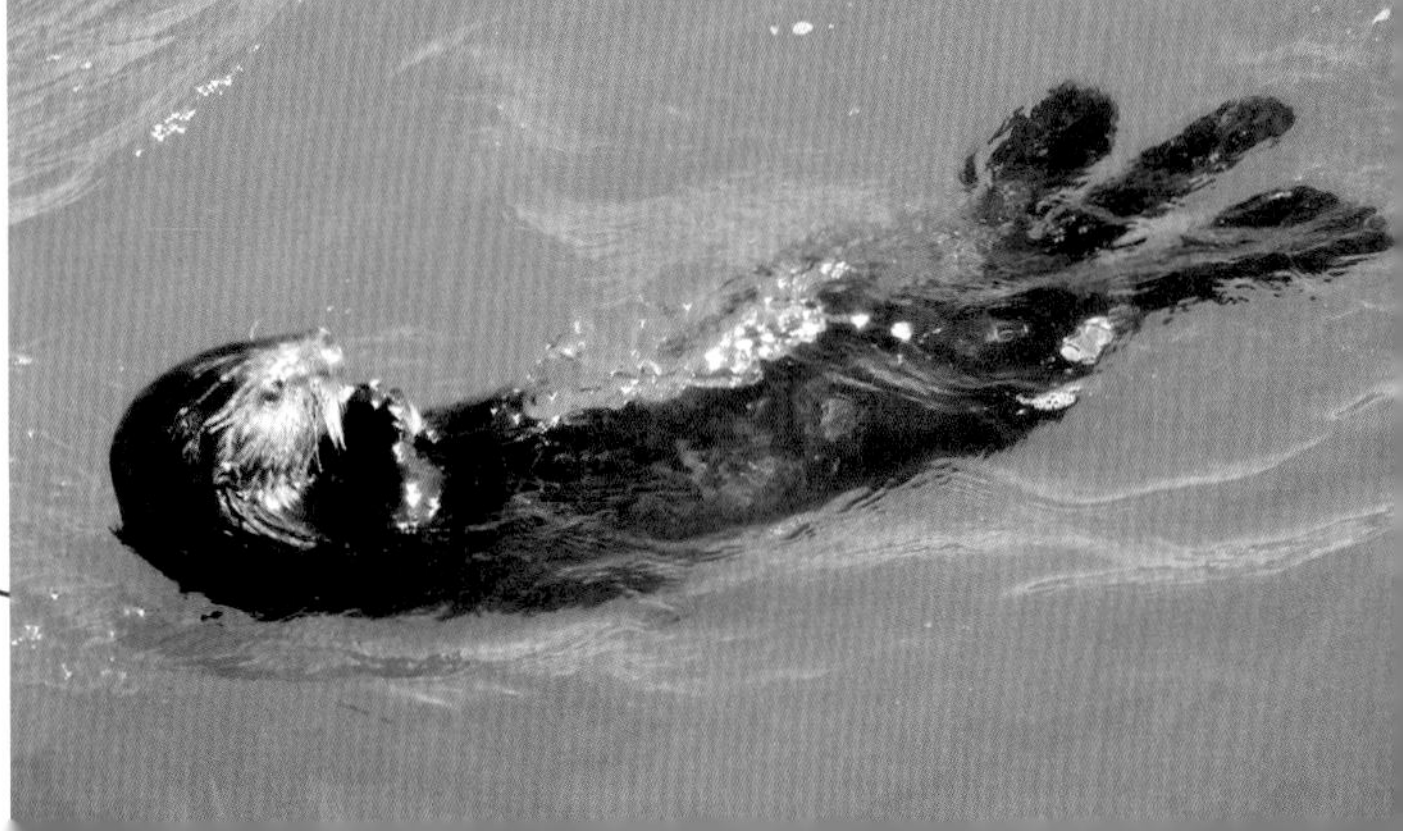

とか。

厳しい自然下ではオスによる子殺しなどで子育てが突然終わるケースがあります。その母親に子を産ませるのが目的という説もありますが、それ以外の事情もありそうです。メスはそれはそれは大事に子を抱いて育てますが、子育ての終わりもあっけない……。でも、これも自然の営みです。

3回目の霧多布岬を経て、根室市歴史と自然の資料館へ

えとぴりか村チェックアウト時、*根室市歴史と自然の資料館を紹介してもらったので、この日の目的地に設定しました。資料館に出発する前に4回目のラッコ観察を挟んだところ、ラッコのみならず*ゴマフアザラシを発見。水面に鼻先を出して休んでいるかと思えばそのまま沈んでいって、おもしろい！　でもやっぱり、食事の様子も海底から撮ってきたものも丸見えなラッコにまた会いたいという気持ちが強くなります。

● 根室市歴史と自然の資料館
北海道根室市花咲港209。ラッコの剥製や骨格標本、生態に関する展示は必見。アイヌ文化の郷土資料や考古資料なども豊富に展示されている。

さて、資料館は霧多布からクルマで約1時間半と遠めですが、運転に自信があるなら行くべきでしょう。そういえば、2023年に昆布漁船にラッコが乗り込んできたというニュースもありましたし、根室もラッコファンの聖地の一つですよね。

到着すると、幸運なことに、博学な学芸員・外山雅大さんから、野生ラッコ事情を聞くことができました。

「北海道東部、オホーツク海側の海域は流氷*の恩恵を受けています。道東のラッコと直接的な関係があるわけではありませんが、このエリアの海の生物多様性の根幹には、流氷と海流の運ぶ鉄分と栄養塩があります。ラッコにとっては、根室半島沿岸は、潜水し獲物をとることが可能な水深40メートル以下の深さとなっていることから、暮らしやすい海域になっているようです」と教えてくれました。

聞くと、外山さんはラッコの個体数調査に参加しており、次第に個体数が増えているのを確認しているそうです。

「ラッコはこれまでいなかった空白地で増えているので、移動分散が考えられます。最初、若いオスのラッコが来て、ほかの個体も続いて来ることがあると聞いていいます」とのこと。

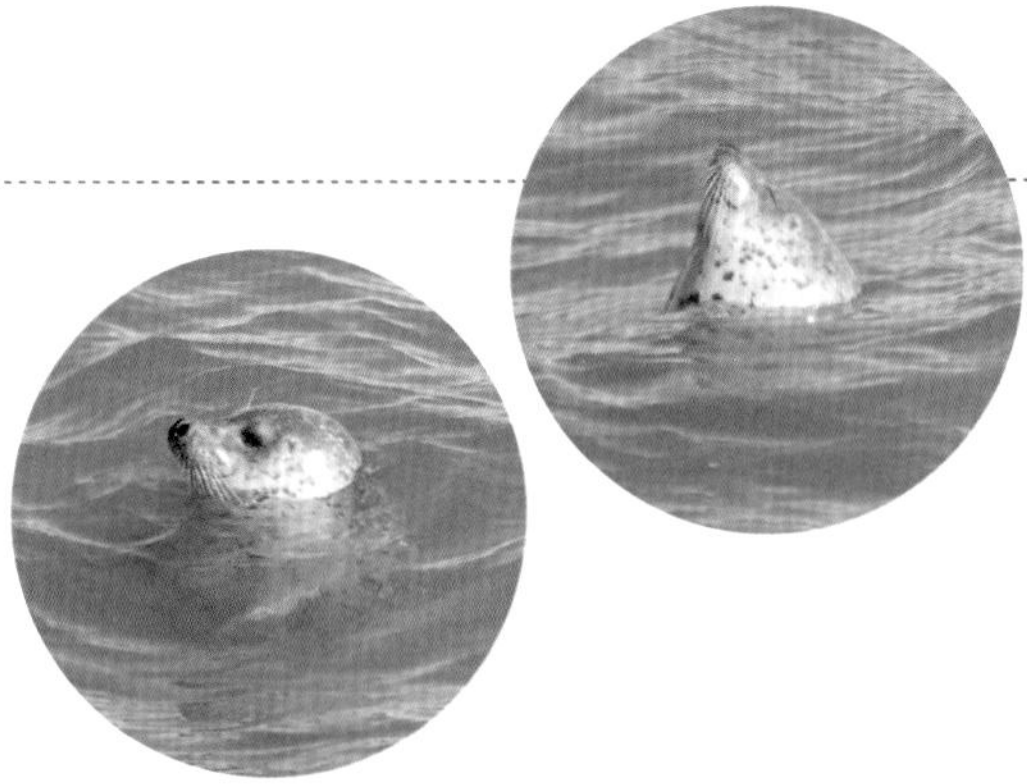

●ゴマフアザラシ

オスは体長約170㎝。赤ちゃんの頃は白い産毛に包まれ、多くの人をとりこにする愛らしさ。ゴマ模様が現れた大人の姿も美しい。霧多布では昔からアザラシ類が確認されている。

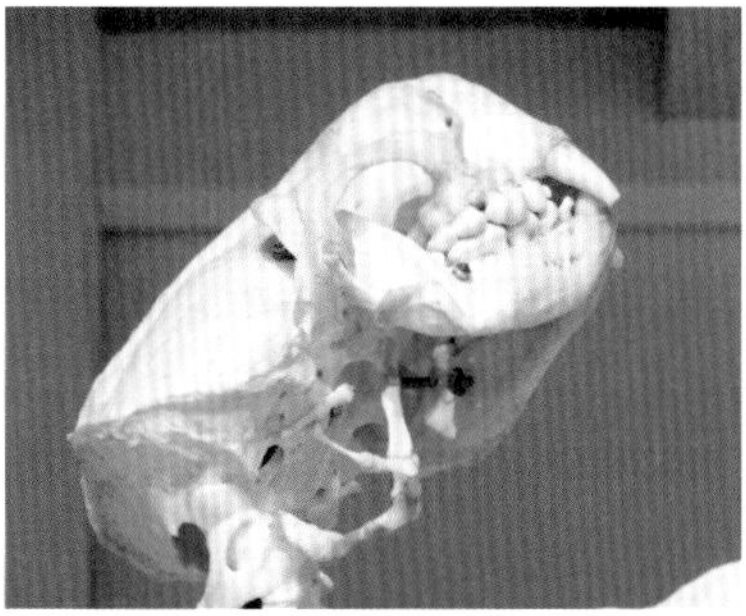

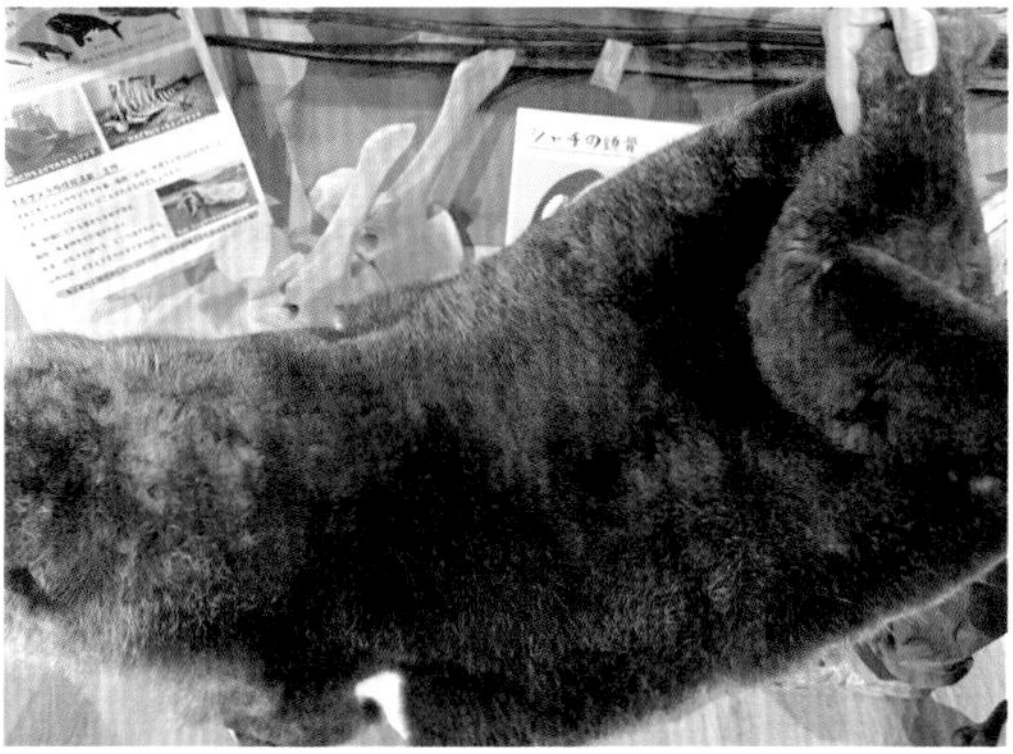

その後、ラッコの毛皮（本物）を惜しげもなく触らせていただけることに。毛皮は濃密で、触ると指を跳ね返すような弾力がありました。

立派な骨格標本も見ものです。同行の岩間さんは尖った犬歯のみならず、ラッコの臼歯に注目。「肉食動物なのに臼歯が尖っておらず、丸みがあり、厚みがあるのが興味深いですね。カニの殻などのかたいものを割る、噛み砕くのに適した形では？」と、堪能していました。

● **流氷**

1月頃から漂着し始め、5月初旬頃に消える。風や潮の流れなどの条件によるものなので、極寒期であっても常に見られるわけではない。この写真は、取材当日納沙布岬灯台あたりから観察できたもの。

波に揺られるラッコに別れを告げる

最後に、もう一度姿を目に焼き付けたく、釧路空港へ帰る途中の15時半ごろ、5回目となる最後の霧多布岬訪問。ほんの数分ながら、海面にできた白い泡にまみれ、波に揺られるがままのラッコを確認。

寝ていたのかもしれません。かわいい。また来るね。

ラッコは自然との調和の象徴

ラッコは、海洋生態系の健全さを示すバロメーター、キーストーン種と言われます。キーストーン種とは、その動物がいなくなると、生態系に大きな変化が起こるほど影響力がある種のこと。その一方で、ラッコが食べるウニや貝類は、人間の漁業でとる対象でもあります。

冨山さんの意見は、「今後、弱ったラッコがストランディング*するケースが増えていくことと予想されますが、この地域にラッコ

● **ストランディング**
クジラ、アザラシ、ラッコなどの海棲哺乳類が、何らかの理由で浜辺に打ち上げられたり、座礁したりすること。生きた状態、死亡した状態がある。

を保護収容できる施設はありません。施設があったとしてもまず助からないでしょうし、仮に保護した個体が回復したとしても、水族館で飼育するべき動物ではないと思うようになりました。ラッコの行動範囲はとても広く、(どんな動物にも当てはまることですが)水族館に閉じ込めるべきではないのかもしれません」というもの。

「根室市歴史と自然の資料館」の外山さんは、「ラッコが暮らす場所と人間が漁業をする場所を分けるゾーニングの手法や、ラッコの被害を受けないような漁業にシフトするといったことも選択肢の一つだと思います」と言っていました。

そもそも、漁業者にとって懸念のウニ類の捕食はそれほど確認されていないというデータもあります。三谷曜子さん(90ページ参照)もこのテーマについて取り組んでいるので、今後の研究や情報発信への期待が高まります。

世界は複雑で、答えの出ない問題ばかり。でも、道東の海にはラッコがいて、見上げると悠然と空を舞う鳥。生き物の姿と、生き物を愛する人たちから受け取ったメッセージを胸に刻み、世界三大夕日に名を連ねる釧路の夕日を眺めつつ、帰路につきました。

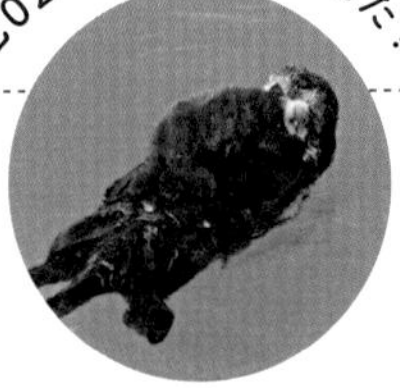

記事編集中のまさに今、霧多布岬で赤ちゃんが生まれたとの知らせあり。写真は生後5日目の男の子とお母さん(撮影:片岡義廣さん)。

鳥羽・福岡・霧多布・アメリカ&カナダ

国内・国外ラッコ推し活ガイド

日本では鳥羽（三重）と福岡の水族館でアラスカラッコ、
北海道・霧多布の海でチシマラッコが見られます。
国境を越えて飛び出し、
アメリカのカリフォルニアラッコに会えば、
3亜種コンプリート！
あなたのスタイルに合った推し活計画を。
寄付などの後方支援もラッコたちの支えになります。

※お出かけの前に、交通、施設、宿泊などにつき十分な下調べや時差などを考慮ください。
※情報は2024年6月時点のものです。各施設や団体のウェブやSNSを通じて最新の取り組みや支援募集についての最新情報をご確認ください。

1 鳥羽水族館

鳥羽水族館の飼育種類数は日本一の約1,200種。1983年から現在までラッコ飼育も行う。SNSでの活発な情報発信のほか、2024年、ラッコ水槽からの24時間生放送配信が開始。誕生日や給餌解説などのイベントも、混雑を避けて自宅で見られる。「マリンギャラリー」でのラッコの剥製や骨格標本展示にも注目したい。

DATA 三重県鳥羽市鳥羽3-3-6
※都内から日帰りも可能

参考ルート 都内➡新幹線で名古屋駅➡近鉄特急で近鉄鳥羽駅➡徒歩約10分

2 マリンワールド海の中道

多様な海洋生物の展示を行い、ラッコ飼育においては国内でも数少ない人工哺育成功例を持つ。「ラッコのお食事タイム」イベントが人気。飼育員がエサを与えながらラッコの生態について解説。本物のラッコの毛皮の展示や、保護活動の紹介なども行っている。

DATA 福岡県福岡市東区大字西戸崎18-28
※都内から日帰りも可能

参考ルート 都内 ➡ 福岡空港 ➡ バスか鉄道を利用。最寄りのJR海ノ中道駅から徒歩約5分

3 北海道・浜中町　霧多布岬

霧多布岬は野生のラッコが観察できる場所として知られる。赤ちゃんが見られる可能性が高まる春、レジャー気分が高まる夏や秋が人気だが、防寒対策をしっかり行えば冬も楽しい。遊歩道の外へ出ないこと、ドローンを飛ばさないこと、船などで接近することは厳に慎みたい。

DATA 北海道浜中町湯沸
※運転が得意なら都内から日帰り可能だがややハード

参考ルート 都内➡釧路空港➡レンタカーで1時間半～2時間で霧多布岬
1泊2日プランならえとぴりか村（105ページ参照）宿泊がおすすめ。ガイドが案内してくれるエコツアーやネイチャーツアーもリサーチしてみては。

＼ラッコファンの今茶さん考案／

4 アメリカ・モントレーベイ水族館&モス・ランディング

カリフォルニア州モントレー市にある水族館。地元、モントレー湾の海洋生態系に重点を置き、魅力的な展示を行う。ラッコが住む海の環境(ケルプの森)や、保護活動(代理母プログラムなど)について学び、モス・ランディングで野生のラッコ(モントレーベイ水族館で保護されたラッコを放流)を実際に観察するのがおすすめ。モントレーベイは観光地なので、ラッコ専門のお土産屋や、ラッコアート、シーフードなども楽しめる。

DATA 886 Cannery Row Monterey, CA 93940
※都内から1泊3日旅行可能

参考ルート 1・2日目：成田空港を午後発のZIPAIR便でサンノゼ空港(午前着)➡モントレーエアバスでモントレー➡モントレーベイ水族館滞在➡配車アプリ(Lyftなど)でモス・ランディングへ行き1泊
3日目：モス・ランディングでラッコ観察➡配車アプリでサンノゼ空港➡夕・夜発のZIPAIR便で成田空港

＼ラッコファンの今茶さん考案／

5 カナダ・バンクーバー水族館

DATA 845 Avison Way, Vancouver BC V6G 3E2
※都内から3泊5日旅行可能

参考ルート ④の「アメリカ・モントレーベイ水族館」プラン3日目、モス・ランディングから配車アプリ(Lyftなど)でサンフランシスコ空港➡サンフランシスコ空港からバンクーバー空港➡バンクーバーで1泊。バンクーバー水族館(やスタンレーパーク周辺観光も可能)滞在後1泊➡バンクーバー空港からZIPAIRで成田空港

バンクーバー水族館は、広大なスタンレーパーク内にある水族館。モントレーベイ水族館と同様に展示プールのメンバーはその時々で変わるので当日のお楽しみに！SNSで話題になった赤ちゃんラッコのジョーイも元気で大きく成長しました。

INTERVIEW

『アメリカ・カナダ ラコラコラッコツアー2023』という自費出版本(大傑作！)を書いたラッコファンの今茶さんから、アメリカ・カナダ旅のアドバイスをいただきました。コロナ禍、ライブ配信で見たラッコの赤ちゃんのかわいさに惹かれ、現地の知人を頼って巡ったそう。旅の内容は、モス・ランディング➡モントレーベイ水族館➡バンクーバー水族館➡シアトル水族館と巡るもので、6泊8日・約52万円の豪華プラン。今茶さんならではの目線で、皆様のために④と⑤のプランを考えていただきました。「多くの方に野生のラッコを見ていただき、ラッコの保護や寄付を検討いただけるきっかけになるといいな思います」とのことです。

『アメリカ・カナダ ラコラコラッコツアー2023』は現在kindleで販売中。

ラッコ保護への第一歩

水族館

ラッコを飼育する国内の水族館で直接的な寄付を募っているところはありません。その代わり、年間パスポートを買う、館内・オンラインのショップでグッズを買うなどの応援ができます。水族館主催のクラウドファンディングがもしもあれば、ぜひご参加を。

・鳥羽水族館　https://aquarium.co.jp/
・マリンワールド海の中道　https://marine-world.jp/

団体など

鳥羽水族館、マリンワールド海の中道は日本動物園水族館協会(JAZA)に所属しています。JAZAへの寄付は野生動物保護などに役立てられるため、ラッコ保護に間接的に貢献できます。また、エトピリカ基金は海鳥保護・調査のために設立されましたが、ラッコに関する情報発信も行い、サポート会員・寄付サポーターも募集中。京都大学野生動物研究センターの基金に、「三谷教授のラッコ調査費用として」と備考欄に書いて寄付すると、ラッコ調査費用に使われます。

・日本動物園水族館協会(JAZA)　https://www.jaza.jp/
・エトピリカ基金　https://etopirikakikin.sakura.ne.jp/
・京都大学野生動物研究センター(三谷曜子先生所属)
https://www.wrc.kyoto-u.ac.jp/donation.html

ラッコのいる町

北海道浜中町など、野生ラッコがいる町へのふるさと納税ができます。さまざまな仲介サイトがあるので、「環境保全」「海洋環境保全」など、寄付金の使い道が選べるものを選んでみてはいかがでしょうか。

・北海道 浜中町　https://www.townhamanaka.jp/

海外の水族館や施設・団体

コロナ禍での寄付の呼びかけで、アメリカやカナダのラッコ保護活動が日本でも話題になりました。ラッコの赤ちゃんを養子に迎えたラッコファンも少なくありません。

・バンクーバー水族館　https://www.vanaqua.org/
・モントレーベイ水族館　https://www.montereybayaquarium.org/
・Sea Otter Savvy　https://www.seaottersavvy.org/

「らっこちゃんねる」という老舗サイト(日本語)での情報収集もおすすめです。

海棲哺乳類の救助などを行うカナダの「Marine Mammal Rescue Centre」はコロナ禍、孤児ラッコのジョーイを保護。世界中から寄付が集まり、寄付者には養子縁組証明書のようなものが発行された。写真は、ラッコファンに知られる「カフェ ド アルミロ」(神奈川県横浜市青葉区千草台32-14)の証明書。

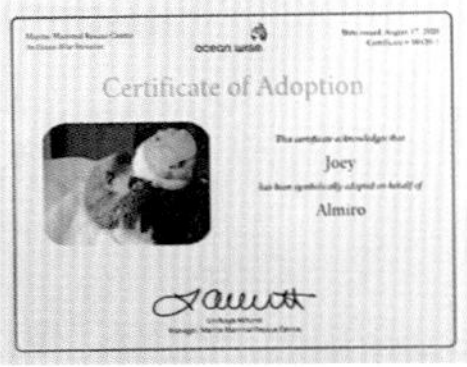

ラッコを養子に…!?

最後まで読んでいただき
ありがとうございました。
世界のラッコが
幸せでありますように。